24년 출간 교재 25년 출간 교재

영역	과목	교재	예비 초등			1-2학년				3-4학년				5-6학년				예비중등	
쓰기력	국어	한글 바로 쓰기	P1	P2	P3														
			P1~3_활동 모음집																
	국어	맞춤법 바로 쓰기				1A	[illegible]	[illegible]	[illegible]										
어휘력	전 과목	어휘				[illegible]	[illegible]	[illegible]	[illegible]	3A	3B	4A	4B	5A	5B	6A	6B		
	전 과목	한자 어휘				[illegible]	[illegible]	[illegible]	2B	3A	3B	4A	4B	5A	5B	6A	6B		
	영어	파닉스				1		2											
	영어	영단어								3A	3B	4A	4B	5A	5B	6A	6B		
독해력	국어	독해	P1	P2		1A	1B	2A	2B	3A	3B	4A	4B	5A	5B	6A	6B		
	한국사	독해 인물편								1		2		3		4			
	한국사	독해 시대편								1		2		3		4			
계산력	수학	계산				1A	1B	2A	2B	3A	3B	4A	4B	5A	5B	6A	6B	7A	7B

영역	과목	교재	예비 초등			1-2학년				3-4학년				5-6학년				예비중등	
교과서 문해력	전 과목	교과서가 술술 읽히는 서술어				1A	1B	2A	2B	3A	3B	4A	4B	5A	5B	6A	6B		
	사회	교과서 독해								3A	3B	4A	4B	5A	5B	6A	6B		
	과학	교과서 독해								3A	3B	4A	4B	5A	5B	6A	6B		
	수학	문장제 기본				1A	1B	2A	2B	3A	3B	4A	4B	5A	5B	6A	6B		
	수학	문장제 발전				1A	1B	2A	2B	3A	3B	4A	4B	5A	5B	6A	6B		

영역	과목	교재	
창의·사고력	전 과목	교과서 놀이 활동북	1 2 3 4 (예비 초등 ~ 초등 2학년)
⋮			

* 완자 공부력 신간은 계속해서 출간됩니다.

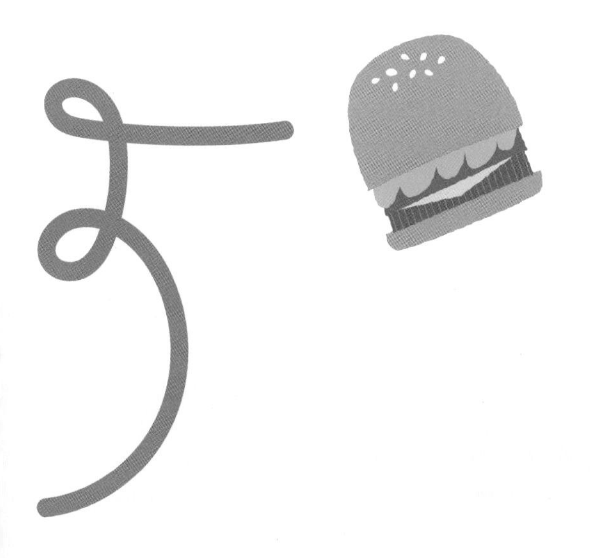

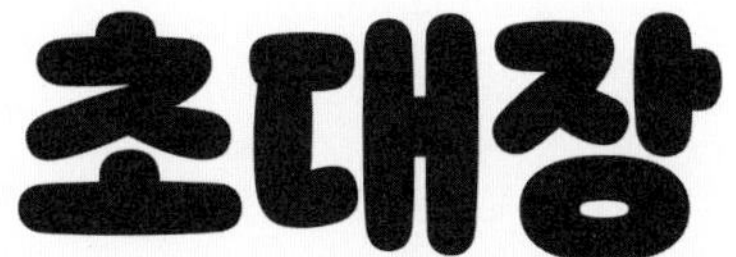

초대장

당신을 동물들의 숲속 파티에 초대합니다.

준비물은 단 하나, 직접 만든 음식!

단, 주어진 문제를 모두 풀어야만 파티에 참석할 수 있어요!

그럼 지금부터 문제를 차근차근 풀면서

파티 준비를 해 볼까요?

수학 문장제 발전
단계별 구성

1A	1B	2A	2B	3A	3B
9까지의 수	100까지의 수	세 자리 수	네 자리 수	덧셈과 뺄셈	곱셈
여러 가지 모양	덧셈과 뺄셈(1)	여러 가지 도형	곱셈구구	평면도형	나눗셈
덧셈과 뺄셈	모양과 시각	덧셈과 뺄셈	길이 재기	나눗셈	원
비교하기	덧셈과 뺄셈(2)	길이 재기	시각과 시간	곱셈	분수
50까지의 수	규칙 찾기	분류하기	표와 그래프	길이와 시간	들이와 무게
	덧셈과 뺄셈(3)	곱셈	규칙 찾기	분수와 소수	자료의 정리

교과서 전 단원, 전 영역 뿐만 아니라 다양한 시험에 나오는
복잡한 수학 문장제를 분석하고 단계별 풀이를 통해
문제 해결력을 강화해요!

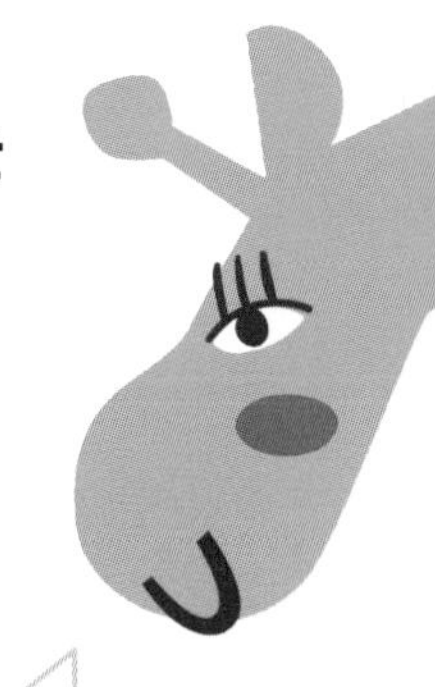

수, 연산, 도형과 측정, 자료와 가능성, 변화와 관계 영역의
다양한 문장제를 해결해 봐요.

4A	4B	5A	5B	6A	6B
큰 수	분수의 덧셈과 뺄셈	자연수의 혼합 계산	수의 범위와 어림하기	분수의 나눗셈	분수의 나눗셈
각도	삼각형	약수와 배수	분수의 곱셈	각기둥과 각뿔	소수의 나눗셈
곱셈과 나눗셈	소수의 덧셈과 뺄셈	규칙과 대응	합동과 대칭	소수의 나눗셈	공간과 입체
평면도형의 이동	사각형	약분과 통분	소수의 곱셈	비와 비율	비례식과 비례배분
막대 그래프	꺾은선 그래프	분수의 덧셈과 뺄셈	직육면체	여러 가지 그래프	원의 둘레와 넓이
규칙 찾기	다각형	다각형의 둘레와 넓이	평균과 가능성	직육면체의 부피와 겉넓이	원기둥, 원뿔, 구

특징과 활용법

준비하기

단원별 2쪽 가볍게 몸풀기

그림 속 이야기를 읽어 보면서
간단한 문장으로 된
문제를 풀어 보아요.

일차 학습

하루 6쪽 문장제 학습

문제 속 조건과 구하려는 것을
찾고, 단계별 풀이를 통해
문제 해결력이 쑥쑥~

1일 문장제 연습하기 세 수의 크기 비교하기

갯벌에서 조개를 유라는 59
민재는 63개 캤습니다. /
태희는 유라보다 1개 더 많이 캤
조개를 많이 캔 사람부터 /
차례대로 이름을 써 보세요.
구해야 할 것

문장제 실력쌓기
• 세 수의 크기 비교하기
• □ 안에 들어갈 수 있는 수 구하기

실력 확인하기

단원별 마무리와 총정리 실력 평가

• 단원 마무리 •

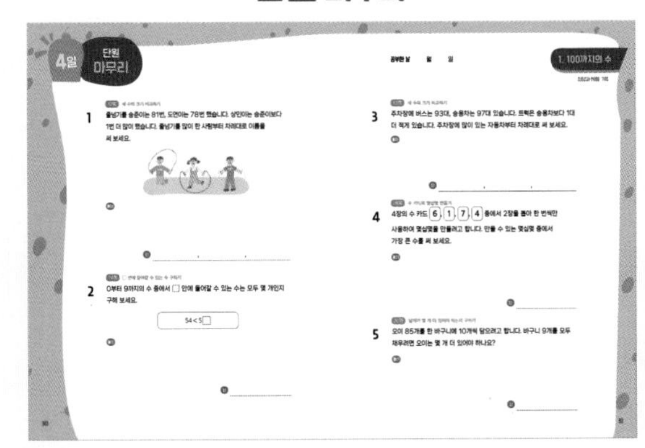

• 실력 평가 •

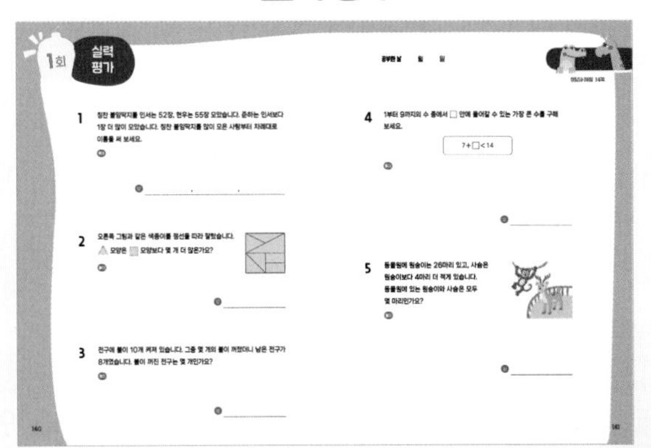

앞에서 배웠던 문장제를 풀면서
실력을 확인해요.
마지막 도전 문제까지 성공하면
최고!

한 권을 모두 끝낸 후엔
실력 평가로 내 실력을
점검해요!

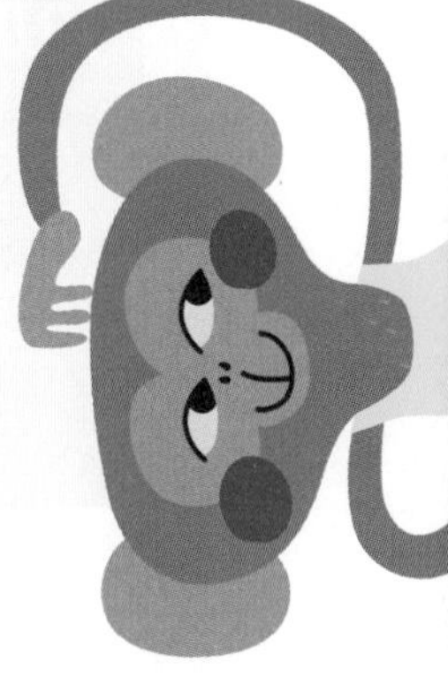

정답과 해설

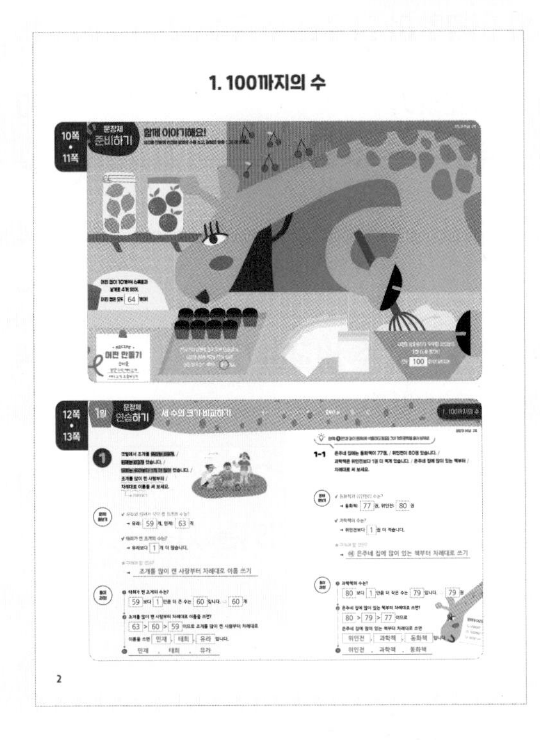

정답과 해설을 빠르게 확인하고,
틀린 문제는 다시 풀어요!
QR을 찍으면 모바일로도
정답을 확인할 수 있어요.

차례

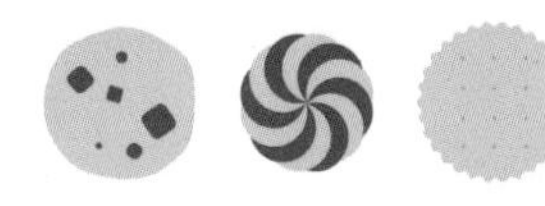

1 100까지의 수

내 몸의 무늬를
색칠하여 꾸며 봐!

1일

· 세 수의 크기 비교하기

· □ 안에 들어갈 수 있는 수 구하기

2일

· 수 카드로 몇십몇 만들기

· 낱개가 몇 개 더 있어야 하는지 구하기

3일

· 사이에 있는 수 구하기

· 조건을 만족하는 수 구하기

4일

단원 마무리

함께 이야기해요!

요리를 만들며 빈칸에 알맞은 수를 쓰고, 알맞은 말에 ○표 해 보세요.

머핀 컵이 10개씩 6묶음과
낱개로 4개 있어.
머핀 컵은 모두 [ ] 개야!

지금까지 머핀을 모두 9개 만들었어.
머핀을 둘씩 짝을 지어 보면
머핀의 수는 (짝수 , 홀수)야.

* RECIPE *
머핀 만들기
준비물
달걀 4개, 체리 2개
버터 2개, 초콜릿 5개

머핀을 담을 봉지가 99장 있었는데
1장 더 사 왔더니
모두 ☐ 장이 되었어.

1일 문장제 연습하기

세 수의 크기 비교하기

1 갯벌에서 조개를 유라는 59개, / 민재는 63개 캤습니다. / 태희는 유라보다 1개 더 많이 캤습니다. / 조개를 많이 캔 사람부터 / 차례대로 이름을 써 보세요.

★ 구해야 할 것

문제 돋보기

✔ 유라와 민재가 각각 캔 조개의 수는?

→ 유라: ☐개, 민재: ☐개

✔ 태희가 캔 조개의 수는?

→ 유라보다 ☐개 더 많습니다.

★ 구해야 할 것은?

→ 조개를 많이 캔 사람부터 차례대로 이름 쓰기

풀이 과정

❶ 태희가 캔 조개의 수는?

☐보다 ☐만큼 더 큰 수는 ☐입니다. ⇨ ☐개

❷ 조개를 많이 캔 사람부터 차례대로 이름을 쓰면?

☐ > ☐ > ☐이므로 조개를 많이 캔 사람부터 차례대로

이름을 쓰면 ☐, ☐, ☐입니다.

답 ______, ______, ______

정답과 해설 2쪽

왼쪽 ❶번과 같이 문제에 색칠하고 밑줄을 그어 가며 문제를 풀어 보세요.

1-1 은주네 집에는 동화책이 77권, / 위인전이 80권 있습니다. / 과학책은 위인전보다 1권 더 적게 있습니다. / 은주네 집에 많이 있는 책부터 / 차례대로 써 보세요.

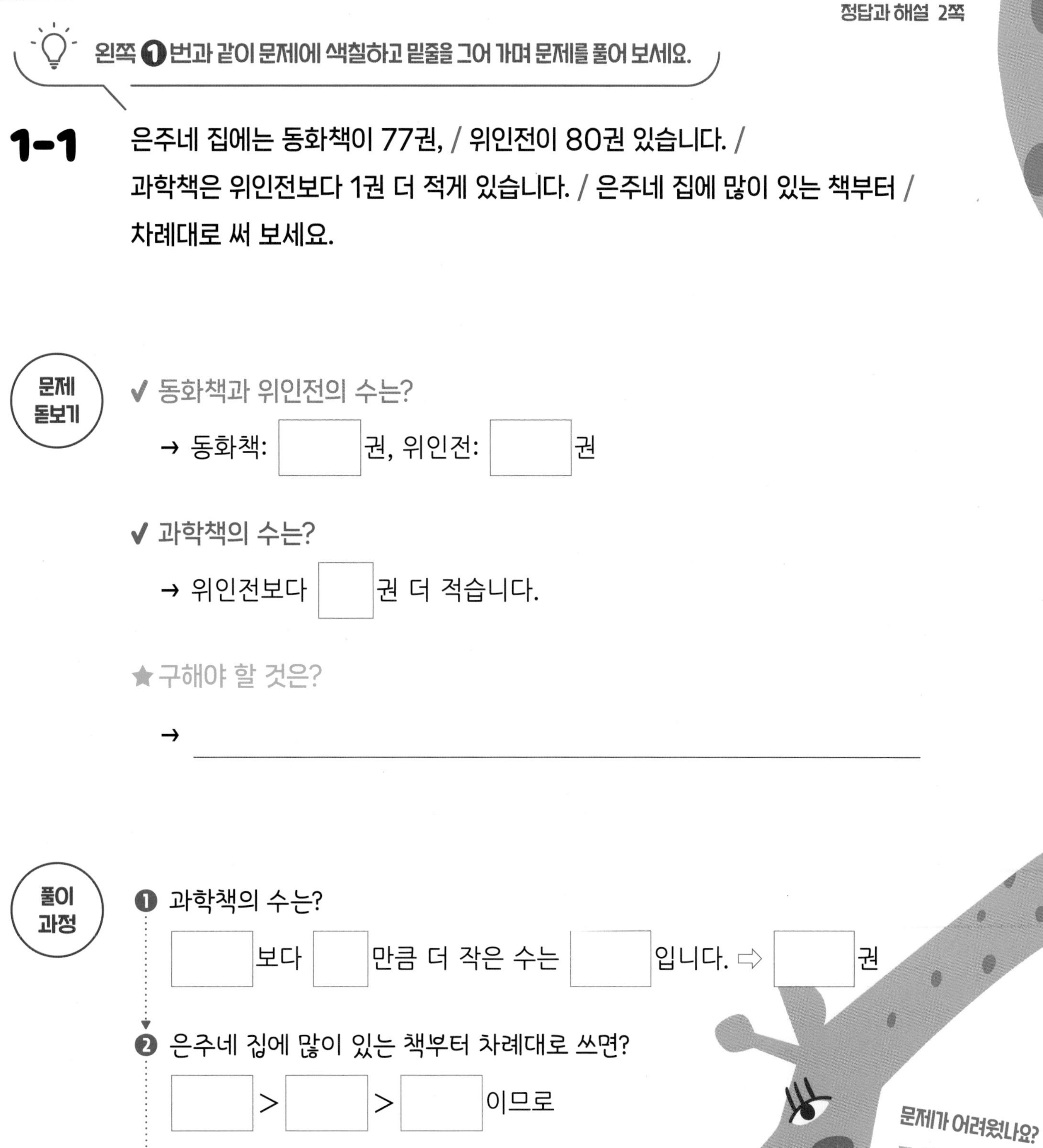
문제가 어려웠나요?
☐ 어려워요!
☐ 적당해요 ^-^
☐ 쉬워요 >o<

문제 돋보기

✔ 동화책과 위인전의 수는?

→ 동화책: ☐권, 위인전: ☐권

✔ 과학책의 수는?

→ 위인전보다 ☐권 더 적습니다.

★ 구해야 할 것은?

→ ______________________

풀이 과정

❶ 과학책의 수는?

☐보다 ☐만큼 더 작은 수는 ☐입니다. ⇨ ☐권

❷ 은주네 집에 많이 있는 책부터 차례대로 쓰면?

☐ > ☐ > ☐이므로

은주네 집에 많이 있는 책부터 차례대로 쓰면

☐, ☐, ☐입니다.

답 ______, ______, ______

문장제 연습하기

□ 안에 들어갈 수 있는 수 구하기

2 0부터 9까지의 수 중에서 / □ 안에 들어갈 수 있는 수는 / 모두 몇 개인지 구해 보세요.

★ 구해야 할 것

56<5□

문제 돋보기

✔ 5□은 어떤 수?

→ 5□은 □ 보다 큰 수입니다.

★ 구해야 할 것은?

→ □ 안에 들어갈 수 있는 수의 개수

풀이 과정

❶ 두 수의 10개씩 묶음의 수를 비교하면?

56과 5□의 10개씩 묶음의 수는 □ 로 같습니다.

❷ □ 안에 들어갈 수 있는 수는 모두 몇 개?

낱개의 수를 비교하면 6<□이므로 □ 안에 들어갈 수 있는 수는

□, □, □ 으(로) 모두 □ 개입니다.

답 ____________

정답과 해설 3쪽

왼쪽 ❷번과 같이 문제에 색칠하고 밑줄을 그어 가며 문제를 풀어 보세요.

2-1 0부터 9까지의 수 중에서 / □ 안에 들어갈 수 있는 수는 / 모두 몇 개인지 구해 보세요.

84<8□

문제 돋보기

✔ 8□은 어떤 수?

→ 8□은 □ 보다 큰 수입니다.

★ 구해야 할 것은?

→ ______

풀이 과정

❶ 두 수의 10개씩 묶음의 수를 비교하면?

84와 8□의 10개씩 묶음의 수는 □로 같습니다.

❷ □ 안에 들어갈 수 있는 수는 모두 몇 개?

낱개의 수를 비교하면 4<□이므로

□ 안에 들어갈 수 있는 수는

□, □, □, □, □으(로) 모두 □개입니다.

탑 ______

문제가 어려웠나요?

□ 어려워요!

□ 적당해요 ^_^

□ 쉬워요 >o<

◆ 세 수의 크기 비교하기
◆ □ 안에 들어갈 수 있는 수 구하기

문제를 읽고 '연습하기'에서 했던 것처럼 밑줄을 그어 가며 문제를 풀어 보세요.

1 나래네 가족은 고기 만두를 61개, 김치 만두를 54개 빚었습니다. 새우 만두는 고기 만두보다 1개 더 많이 빚었습니다. 나래네 가족이 많이 빚은 만두부터 차례대로 써 보세요.

❶ 나래네 가족이 빚은 새우 만두의 수는?

❷ 나래네 가족이 많이 빚은 만두부터 차례대로 쓰면?

답 ______ , ______ , ______

2 목장에 말은 88마리, 양은 93마리 있습니다. 젖소는 양보다 1마리 더 적게 있습니다. 목장에 많이 있는 동물부터 차례대로 써 보세요.

❶ 목장에 있는 젖소의 수는?

❷ 목장에 많이 있는 동물부터 차례대로 쓰면?

답 ______ , ______ , ______

정답과 해설 3쪽

3 0부터 9까지의 수 중에서 □ 안에 들어갈 수 있는 수는 모두 몇 개인지 구해 보세요.

95<9□

❶ 두 수의 10개씩 묶음의 수를 비교하면?

❷ □ 안에 들어갈 수 있는 수는 모두 몇 개?

답 ____________

4 1부터 9까지의 수 중에서 □ 안에 들어갈 수 있는 수는 모두 몇 개인지 구해 보세요.

76<□3

❶ 두 수의 낱개의 수를 비교하면?

❷ □ 안에 들어갈 수 있는 수는 모두 몇 개?

답 ____________

수 카드로 몇십몇 만들기

4장의 수 카드 1, 5, 7, 8 중에서 2장을 뽑아 / 한 번씩만 사용하여 몇십몇을 만들려고 합니다. / 만들 수 있는 몇십몇 중에서 / 가장 큰 수를 써 보세요.

★ 구해야 할 것

문제 돋보기

★ 구해야 할 것은?

→ 만들 수 있는 몇십몇 중에서 가장 큰 수

✔ 가장 큰 몇십몇을 만들려면?

→ 10개씩 묶음의 수에 (가장 큰 수 , 가장 작은 수)를 놓고,
낱개의 수에 (두 번째로 큰 수 , 두 번째로 작은 수)를 놓습니다.

풀이 과정

❶ 수 카드의 수의 크기를 비교하면?

수 카드의 수의 크기를 비교하면 ☐ > ☐ > ☐ > ☐ 이므로

가장 큰 수는 ☐, 두 번째로 큰 수는 ☐ 입니다.

❷ 만들 수 있는 몇십몇 중에서 가장 큰 수는?

10개씩 묶음의 수에 ☐, 낱개의 수에 ☐ 을(를) 놓으면

만들 수 있는 몇십몇 중에서 가장 큰 수는 ☐ 입니다.

답 ________

정답과 해설 4쪽

왼쪽 ❶번과 같이 문제에 색칠하고 밑줄을 그어 가며 문제를 풀어 보세요.

1-1 4장의 수 카드 [2], [6], [4], [9] 중에서 2장을 뽑아 / 한 번씩만 사용하여 몇십몇을 만들려고 합니다. / 만들 수 있는 몇십몇 중에서 / 두 번째로 큰 수를 써 보세요.

문제 돋보기

★ 구해야 할 것은?

→ ______________________

✔ 두 번째로 큰 몇십몇을 만들려면?

→ 10개씩 묶음의 수에 (가장 큰 수 , 가장 작은 수)를 놓고,
낱개의 수에 (두 번째로 큰 수 , 세 번째로 큰 수)를 놓습니다.

풀이 과정

❶ 수 카드의 수의 크기를 비교하면?

수 카드의 수의 크기를 비교하면 [ ] > [ ] > [ ] > [ ] 이므로

가장 큰 수는 [ ], 세 번째로 큰 수는 [ ] 입니다.

❷ 만들 수 있는 몇십몇 중에서 두 번째로 큰 수는?

10개씩 묶음의 수에 [ ], 낱개의 수에 [ ] 을(를)

놓으면 만들 수 있는 몇십몇 중에서 두 번째로 큰 수는

[ ] 입니다.

답 ______________________

문제가 어려웠나요?
☐ 어려워요!
☐ 적당해요 ^-^
☐ 쉬워요 >o<

문장제 연습하기

낱개가 몇 개 더 있어야 하는지 구하기

2 인형 65개를 / 한 상자에 10개씩 담으려고 합니다. / 상자 7개를 모두 채우려면 / 인형은 몇 개 더 있어야 하나요?

★ 구해야 할 것

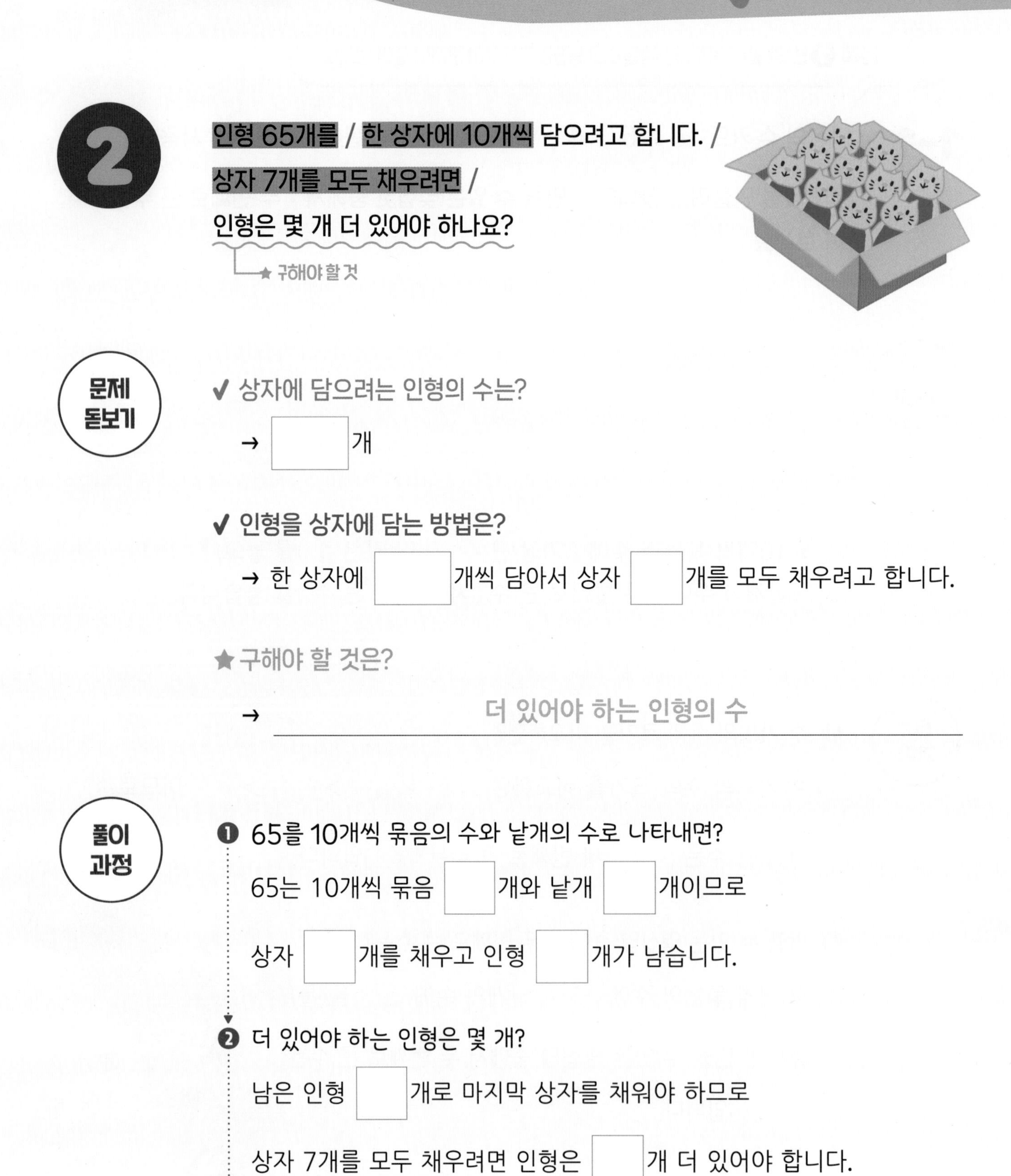

문제 돋보기

✔ 상자에 담으려는 인형의 수는?

→ □개

✔ 인형을 상자에 담는 방법은?

→ 한 상자에 □개씩 담아서 상자 □개를 모두 채우려고 합니다.

★ 구해야 할 것은?

→ 더 있어야 하는 인형의 수

풀이 과정

❶ 65를 10개씩 묶음의 수와 낱개의 수로 나타내면?

65는 10개씩 묶음 □개와 낱개 □개이므로

상자 □개를 채우고 인형 □개가 남습니다.

❷ 더 있어야 하는 인형은 몇 개?

남은 인형 □개로 마지막 상자를 채워야 하므로

상자 7개를 모두 채우려면 인형은 □개 더 있어야 합니다.

탑 ______

정답과 해설 4쪽

왼쪽 ❷번과 같이 문제에 색칠하고 밑줄을 그어 가며 문제를 풀어 보세요.

2-1 금붕어 73마리를 / 한 어항에 10마리씩 담으려고 합니다. / 어항 8개를 모두 채우려면 / 금붕어는 몇 마리 더 있어야 하나요?

문제 돋보기

✔ 어항에 담으려는 금붕어의 수는?

→ ☐마리

✔ 금붕어를 어항에 담는 방법은?

→ 한 어항에 ☐마리씩 담아서 어항 ☐개를 모두 채우려고 합니다.

★ 구해야 할 것은?

→ ______________________

풀이 과정

❶ 73을 10개씩 묶음의 수와 낱개의 수로 나타내면?

73은 10개씩 묶음 ☐개와 낱개 ☐개이므로

어항 ☐개를 채우고 금붕어 ☐마리가 남습니다.

❷ 더 있어야 하는 금붕어는 몇 마리?

남은 금붕어 ☐마리로 마지막 어항을 채워야 하므로

어항 8개를 모두 채우려면 금붕어는 ☐마리 더 있어야 합니다.

답 ______________

문제가 어려웠나요?

☐ 어려워요!

☐ 적당해요 ^_^

☐ 쉬워요 >o<

◆ 수 카드로 몇십몇 만들기

◆ 날개가 몇 개 더 있어야 하는지 구하기

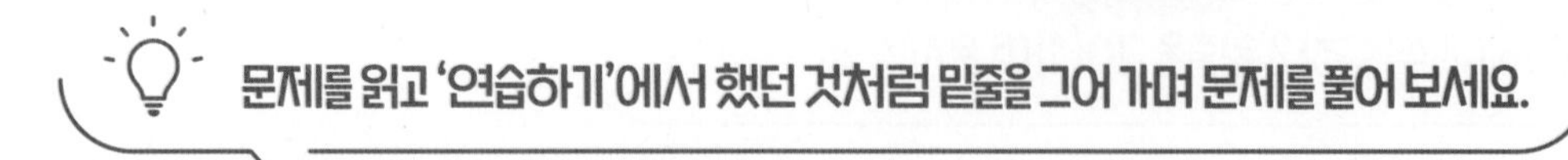

문제를 읽고 '연습하기'에서 했던 것처럼 밑줄을 그어 가며 문제를 풀어 보세요.

1 4장의 수 카드 [2], [1], [0], [7] 중에서 2장을 뽑아 한 번씩만 사용하여 몇십몇을 만들려고 합니다. 만들 수 있는 몇십몇 중에서 가장 큰 수를 써 보세요.

❶ 수 카드의 수의 크기를 비교하면?

❷ 만들 수 있는 몇십몇 중에서 가장 큰 수는?

답 ______________

2 4장의 수 카드 [6], [3], [8], [5] 중에서 2장을 뽑아 한 번씩만 사용하여 몇십몇을 만들려고 합니다. 만들 수 있는 몇십몇 중에서 두 번째로 큰 수를 써 보세요.

❶ 수 카드의 수의 크기를 비교하면?

❷ 만들 수 있는 몇십몇 중에서 두 번째로 큰 수는?

답 ______________

정답과 해설 5쪽

3 고구마 57개를 한 봉지에 10개씩 담으려고 합니다. 봉지 6개를 모두 채우려면 고구마는 몇 개 더 있어야 하나요?

❶ 57을 10개씩 묶음의 수와 낱개의 수로 나타내면?

❷ 더 있어야 하는 고구마는 몇 개?

답 ______________

4 장미 94송이를 한 꽃병에 10송이씩 꽂으려고 합니다. 꽃병 10개를 모두 채우려면 장미는 몇 송이 더 있어야 하나요?

❶ 94를 10개씩 묶음의 수와 낱개의 수로 나타내면?

❷ 더 있어야 하는 장미는 몇 송이?

답 ______________

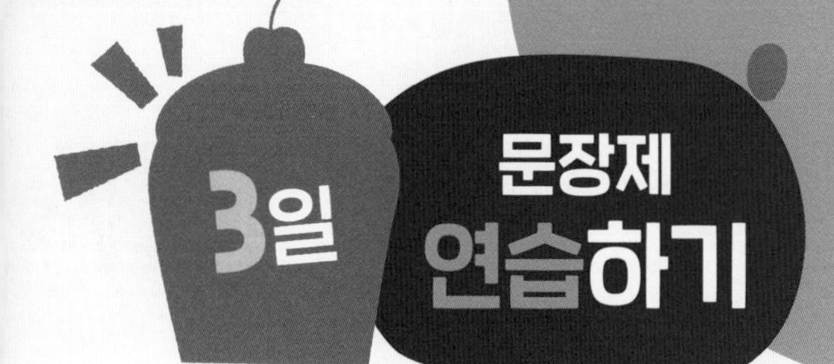

사이에 있는 수 구하기

공연장 의자에 차례대로 번호가 적혀 있습니다. / 58번과 64번 사이에 있는 의자 중에서 / 홀수가 적힌 의자는 모두 몇 개인가요?

★ 구해야 할 것

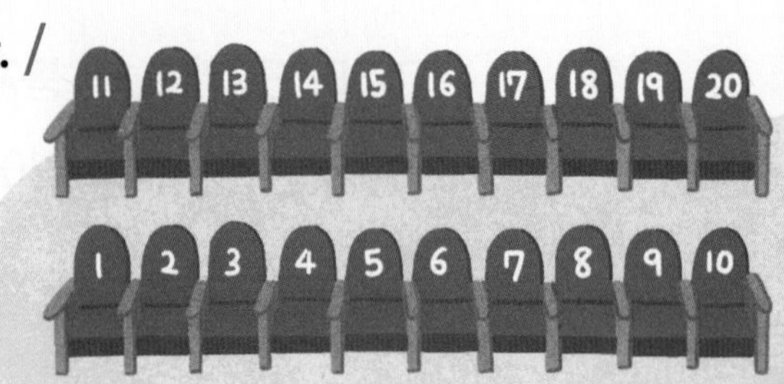

문제 돋보기

✔ 58과 64 사이에 있는 수는?

→ ☐ 보다 크고 ☐ 보다 작은 수

✔ 홀수는?

→ 둘씩 짝을 지을 수 (있는 , 없는) 수

★ 구해야 할 것은?

→ 58번과 64번 사이에 있는 의자 중에서 홀수가 적힌 의자의 수

풀이 과정

❶ 58번과 64번 사이에 있는 번호는?

58번보다 크고 64번보다 작은 번호는

☐ 번, ☐ 번, ☐ 번, ☐ 번, ☐ 번입니다.

❷ 위 ❶에서 구한 번호 중에서 홀수가 적힌 의자는 모두 몇 개?

위 ❶에서 구한 번호 중에서 홀수는 ☐ 번, ☐ 번, ☐ 번

이므로 홀수가 적힌 의자는 모두 ☐ 개입니다.

답 ________

정답과 해설 5쪽

왼쪽 ❶번과 같이 문제에 색칠하고 밑줄을 그어 가며 문제를 풀어 보세요.

1-1

은행에서는 온 차례대로 번호표를 뽑습니다. / 85번과 92번 사이에 뽑은 번호표 중에서 / 짝수가 적힌 번호표는 모두 몇 개인가요?

문제 돋보기

✔ 85와 92 사이에 있는 수는?

→ ☐ 보다 크고 ☐ 보다 작은 수

✔ 짝수는?

→ 둘씩 짝을 지을 수 (있는 , 없는) 수

★ 구해야 할 것은?

→ ______________________

풀이 과정

❶ 85번과 92번 사이에 있는 번호는?

85번보다 크고 92번보다 작은 번호는 ☐ 번, ☐ 번, ☐ 번, ☐ 번, ☐ 번, ☐ 번입니다.

❷ 위 ❶에서 구한 번호 중에서 짝수가 적힌 번호표는 모두 몇 개?

위 ❶에서 구한 번호 중에서

짝수는 ☐ 번, ☐ 번, ☐ 번이므로

짝수가 적힌 번호표는 모두 ☐ 개입니다.

답 ______________

문제가 어려웠나요?
- ☐ 어려워요!
- ☐ 적당해요 ^-^
- ☐ 쉬워요 >o<

조건을 만족하는 수 구하기

조건을 모두 만족하는 수를 구해 보세요.
★ 구해야 할 것

- 10개씩 묶음이 7개입니다.
- 76보다 큰 수입니다.
- 짝수입니다.

문제 돋보기

✔ 첫 번째 조건은? → 10개씩 묶음이 ☐개입니다.

✔ 두 번째 조건은? → ☐보다 큰 수입니다.

✔ 세 번째 조건은? → (짝수 , 홀수)입니다.

★ 구해야 할 것은?

→ 조건을 모두 만족하는 수

풀이 과정

❶ 첫 번째, 두 번째 조건을 만족하는 수는?

10개씩 묶음의 수가 ☐인 수 중에서 낱개의 수가 ☐보다 큰 수는

☐, ☐, ☐입니다.

❷ 세 조건을 모두 만족하는 수는?

위 ❶에서 구한 수 중에서 짝수는 ☐이므로

조건을 모두 만족하는 수는 ☐입니다.

답 ____________

정답과 해설 6쪽

왼쪽 ❷번과 같이 문제에 색칠하고 밑줄을 그어 가며 문제를 풀어 보세요.

2-1 조건을 모두 만족하는 수를 구해 보세요.

- 10개씩 묶음이 6개입니다.
- 63보다 작은 수입니다.
- 홀수입니다.

문제 돋보기

✔ 첫 번째 조건은? → 10개씩 묶음이 ☐개입니다.

✔ 두 번째 조건은? → ☐보다 작은 수입니다.

✔ 세 번째 조건은? → (짝수 , 홀수)입니다.

★ 구해야 할 것은?

→ ______________________

풀이 과정

❶ 첫 번째, 두 번째 조건을 만족하는 수는?

10개씩 묶음의 수가 ☐인 수 중에서 낱개의 수가 ☐보다 작은 수는 ☐, ☐, ☐입니다.

❷ 세 조건을 모두 만족하는 수는?

위 ❶에서 구한 수 중에서 홀수는 ☐이므로 조건을 모두 만족하는 수는 ☐입니다.

답 ______________

문제가 어려웠나요?

☐ 어려워요!

☐ 적당해요 ^-^

☐ 쉬워요 >o<

문장제 실력쌓기

◆ 사이에 있는 수 구하기
◆ 조건을 만족하는 수 구하기

문제를 읽고 '연습하기'에서 했던 것처럼 밑줄을 그어 가며 문제를 풀어 보세요.

1 책꽂이에 번호 차례대로 책을 꽂았습니다. 66번과 72번 사이에 꽂은 책 중에서 홀수가 적힌 책은 모두 몇 권인가요?

❶ 66번과 72번 사이에 있는 번호는?

❷ 위 ❶에서 구한 번호 중에서 홀수가 적힌 책은 모두 몇 권?

답 ______________

2 물품 보관함에 차례대로 번호가 적혀 있습니다. 74번과 81번 사이에 있는 보관함 중에서 짝수가 적힌 보관함은 모두 몇 개인가요?

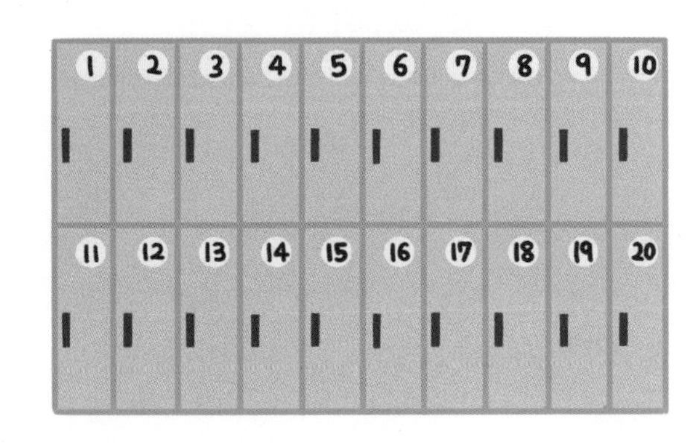

❶ 74번과 81번 사이에 있는 번호는?

❷ 위 ❶에서 구한 번호 중에서 짝수가 적힌 보관함은 모두 몇 개?

답 ______________

정답과 해설 6쪽

3 **조건을 모두 만족하는 수를 구해 보세요.**

- 10개씩 묶음이 5개입니다.
- 52보다 작은 수입니다.
- 짝수입니다.

❶ 첫 번째, 두 번째 조건을 만족하는 수는?

❷ 세 조건을 모두 만족하는 수는?

탑 ____________________

4 **조건을 모두 만족하는 수는 몇 개인지 구해 보세요.**

- 10개씩 묶음이 8개입니다.
- 83보다 큰 수입니다.
- 홀수입니다.

❶ 첫 번째, 두 번째 조건을 만족하는 수는?

❷ 세 조건을 모두 만족하는 수는 몇 개?

탑 ____________________

4일 단원 마무리

12쪽 세 수의 크기 비교하기

1 줄넘기를 승준이는 81번, 도연이는 78번 했습니다. 상민이는 승준이보다 1번 더 많이 했습니다. 줄넘기를 많이 한 사람부터 차례대로 이름을 써 보세요.

풀이

답 ____________, ____________, ____________

14쪽 □ 안에 들어갈 수 있는 수 구하기

2 0부터 9까지의 수 중에서 □ 안에 들어갈 수 있는 수는 모두 몇 개인지 구해 보세요.

$54 < 5\square$

풀이

답 ____________

정답과 해설 7쪽

12쪽 세 수의 크기 비교하기

3 주차장에 버스는 93대, 승용차는 97대 있습니다. 트럭은 승용차보다 1대 더 적게 있습니다. 주차장에 많이 있는 자동차부터 차례대로 써 보세요.

풀이

답 ______, ______, ______

18쪽 수 카드로 몇십몇 만들기

4 4장의 수 카드 6, 1, 7, 4 중에서 2장을 뽑아 한 번씩만 사용하여 몇십몇을 만들려고 합니다. 만들 수 있는 몇십몇 중에서 가장 큰 수를 써 보세요.

풀이

답 ______

20쪽 낱개가 몇 개 더 있어야 하는지 구하기

5 오이 85개를 한 바구니에 10개씩 담으려고 합니다. 바구니 9개를 모두 채우려면 오이는 몇 개 더 있어야 하나요?

풀이

답 ______

단원 마무리

14쪽 □ 안에 들어갈 수 있는 수 구하기

6 1부터 9까지의 수 중에서 □ 안에 들어갈 수 있는 수는 모두 몇 개인지 구해 보세요.

62 > □5

풀이

답 ____________

18쪽 수 카드로 몇십몇 만들기

7 4장의 수 카드 2, 9, 3, 8 중에서 2장을 뽑아 한 번씩만 사용하여 몇십몇을 만들려고 합니다. 만들 수 있는 몇십몇 중에서 두 번째로 큰 수를 써 보세요.

풀이

답 ____________

24쪽 사이에 있는 수 구하기

8 미술관에 입장하기 위해 사람들이 번호 차례대로 줄을 서 있습니다. 55번과 61번 사이에 서 있는 사람 중에서 홀수 번호인 사람은 모두 몇 명인가요?

풀이

답 ____________

맞은 개수 /10 개 **걸린 시간** /40분

정답과 해설 7쪽

26쪽 조건을 만족하는 수 구하기

9 조건을 모두 만족하는 수를 구해 보세요.

- 10개씩 묶음이 6개입니다.
- 67보다 큰 수입니다.
- 홀수입니다.

풀이

탑 ____________

26쪽 조건을 만족하는 수 구하기

10 조건을 모두 만족하는 수는 몇 개인지 구해 보세요.

- 88보다 크고 94보다 작은 수입니다.
- 10개씩 묶음의 수가 낱개의 수보다 큽니다.
- 짝수입니다.

❶ 첫 번째 조건을 만족하는 수는?

❷ 두 번째 조건을 만족하는 수는?

❸ 세 조건을 모두 만족하는 수는 몇 개?

탑 ____________

정답과 해설 39쪽에 붙이면 동물들이 사탕을 완성할 수 있어요!

2 덧셈과 뺄셈(1)

내 배를 색칠하여
재미있게 꾸며 봐!

5일

· 모양이 나타내는 수 구하기

· 10이 되는 더하기를 이용하여 덧셈식 만들기

6일

· 모두 얼마인지 구하기

· 처음 수와 남은 수를 이용하여 모르는 수 구하기

7일

· 남아 있는 수의 크기 비교하기

· 합이 10이 되도록 고르고 남은 수 카드의 수의 합 구하기

8일

단원 마무리

문장제 준비하기

함께 이야기해요!

요리를 만들며 빈칸에 알맞은 수나 기호를 써 보세요.

불고기 버거 6개와 새우 버거 4개를 만들었어.

만든 버거는 모두 6 ◯ ☐ = ☐ (개)네.

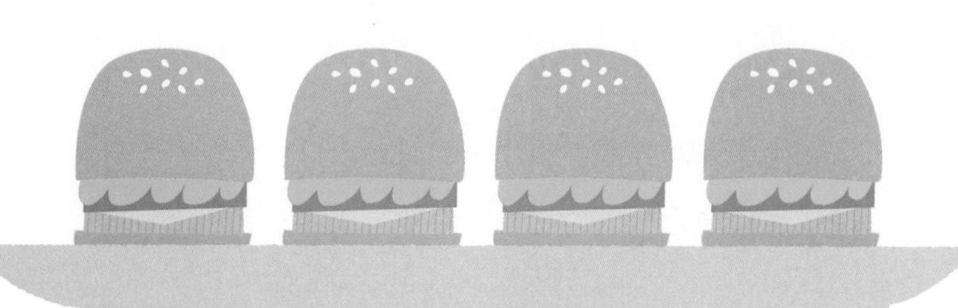

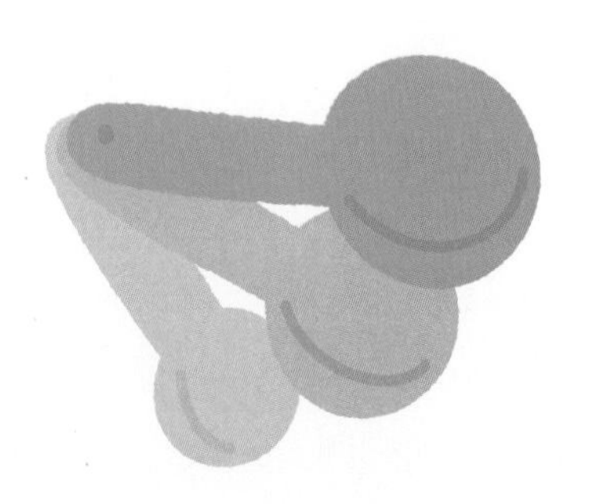

병 안에 빨간색 사탕이 2개, 초록색 사탕이 4개,
노란색 사탕이 1개 들어 있어.

사탕은 모두 ☐ + ☐ + ☐ = ☐ (개)야!

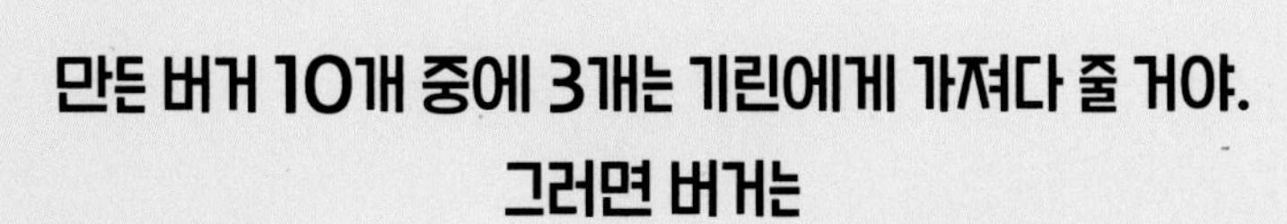

만든 버거 10개 중에 3개는 기린에게 가져다 줄 거야.
그러면 버거는

10 ○ ☐ = ☐ (개)가 남아.

5일 문장제 연습하기 모양이 나타내는 수 구하기

같은 모양은 같은 수를 나타냅니다. /
▲가 나타내는 수는 얼마인가요?
★ 구해야 할 것

- $1+9=$■
- ■$-5=$▲

문제 돋보기

✔ ■가 나타내는 수는?

→ $1+\square=$■

✔ ▲가 나타내는 수는?

→ $1+\square=$■, ■$-\square=$▲ (같은 수)

★ 구해야 할 것은?

→ ▲가 나타내는 수

풀이 과정

❶ ■가 나타내는 수는?

$1+9=$■, ■$=\square$

❷ ▲가 나타내는 수는?

■$-5=$▲에서 $\square-5=$▲, ▲$=5$

답 ______________

정답과 해설 8쪽

왼쪽 ❶번과 같이 문제에 색칠하고 밑줄을 그어 가며 문제를 풀어 보세요.

1-1

같은 모양은 같은 수를 나타냅니다. / ◆가 나타내는 수는 얼마인가요?

- 10－2＝●
- ●－1－4＝◆

문제 돋보기

✔ ●가 나타내는 수는?

→ 10－□＝●

✔ ◆가 나타내는 수는?

→ 10－□＝●, ●－1－□＝◆

같은 수

★ 구해야 할 것은?

→ ____________________

풀이 과정

❶ ●가 나타내는 수는?

10－2＝●, ●＝□

❷ ◆가 나타내는 수는?

●－1－4＝◆에서 □－1－4＝◆, ◆＝□

답 ____________

문제가 어려웠나요?

□ 어려워요!

□ 적당해요 ^_^

□ 쉬워요 >o<

10이 되는 더하기를 이용하여 덧셈식 만들기

2

■와 ▲에 알맞은 수를 써넣어 /
만들 수 있는 덧셈식을 2개 써 보세요.

★ 구해야 할 것

■+▲+2=12

문제 돋보기

✓ ■+▲+2는 얼마?

→ ■+▲+2= ☐

★ 구해야 할 것은?

→ 만들 수 있는 덧셈식 2개

풀이 과정

❶ ■+▲는 얼마?

■+▲+2=12, ■+▲= ☐

❷ 만들 수 있는 덧셈식을 2개 쓰면?

더해서 10이 되는 두 수를 찾습니다.

⇨ ☐ + ☐ +2=12 ☐ + ☐ +2=12

답 ______ , ______

정답과 해설 9쪽

왼쪽 ❷번과 같이 문제에 색칠하고 밑줄을 그어 가며 문제를 풀어 보세요.

2-1 ●와 ◆에 알맞은 수를 써넣어 / 만들 수 있는 덧셈식을 2개 써 보세요.

4+●+◆=14

문제 돋보기

✔ 4+●+◆는 얼마?

→ 4+●+◆=□

★ 구해야 할 것은?

→ ______________________

풀이 과정

❶ ●+◆는 얼마?

4+●+◆=14, ●+◆=□

❷ 만들 수 있는 덧셈식을 2개 쓰면?

더해서 10이 되는 두 수를 찾습니다.

⇨ 4+□+□=14 4+□+□=14

답 ______________ , ______________

문제가 어려웠나요?

☐ 어려워요!

☐ 적당해요 ^ₒ^

☐ 쉬워요 >o<

◆ 모양이 나타내는 수 구하기

◆ 10이 되는 더하기를 이용하여 덧셈식 만들기

문제를 읽고 '연습하기'에서 했던 것처럼 밑줄을 그어 가며 문제를 풀어 보세요.

1 같은 모양은 같은 수를 나타냅니다. ♠가 나타내는 수는 얼마인가요?

- $10-6=$ ♣
- $1+3+$ ♣ $=$ ♠

❶ ♣가 나타내는 수는?

❷ ♠가 나타내는 수는?

답 ______

2 같은 모양은 같은 수를 나타냅니다. ▼가 나타내는 수는 얼마인가요?

- ● $+5=10$
- $9-$ ● $=$ ▼

❶ ●가 나타내는 수는?

❷ ▼가 나타내는 수는?

답 ______

정답과 해설 9쪽

3 ♣와 ♠에 알맞은 수를 써넣어 만들 수 있는 덧셈식을 2개 써 보세요.

♣$+$♠$+5=15$

❶ ♣$+$♠은 얼마?

❷ 만들 수 있는 덧셈식을 2개 쓰면?

답 ,

4 ◉와 ◈에 알맞은 수를 써넣어 만들 수 있는 덧셈식을 2개 써 보세요.

◉$+9+$◈$=19$

❶ ◉$+$◈는 얼마?

❷ 만들 수 있는 덧셈식을 2개 쓰면?

답 ,

모두 얼마인지 구하기

필통에 연필은 6자루 있고, /
색연필은 연필보다 2자루 더 적게 있습니다. /
필통에 있는 연필과 색연필은 모두 몇 자루인가요?

★ 구해야 할 것

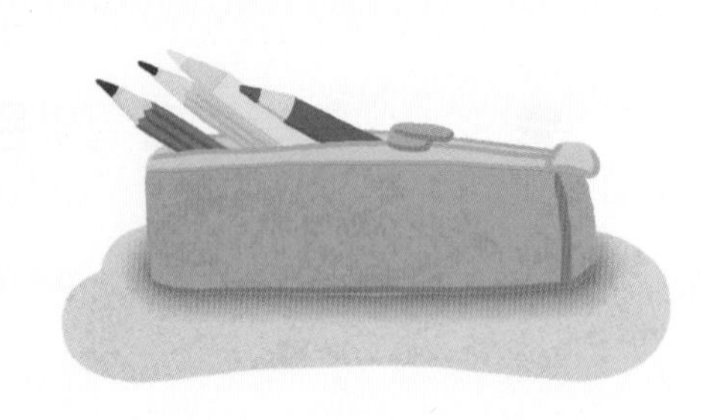

문제 돋보기

✔ 필통에 있는 연필의 수는?

→ ☐ 자루

✔ 필통에 있는 색연필의 수는?

→ 연필보다 ☐ 자루 더 적습니다.

★ 구해야 할 것은?

→ 필통에 있는 연필의 수와 색연필의 수의 합

풀이 과정

❶ 필통에 있는 색연필의 수는?

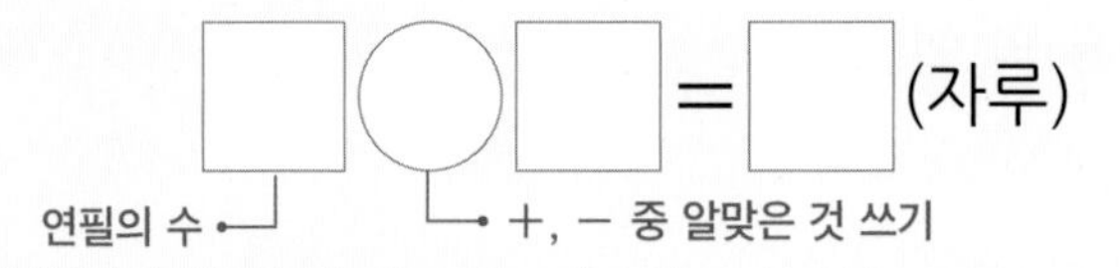

❷ 필통에 있는 연필과 색연필은 모두 몇 자루?

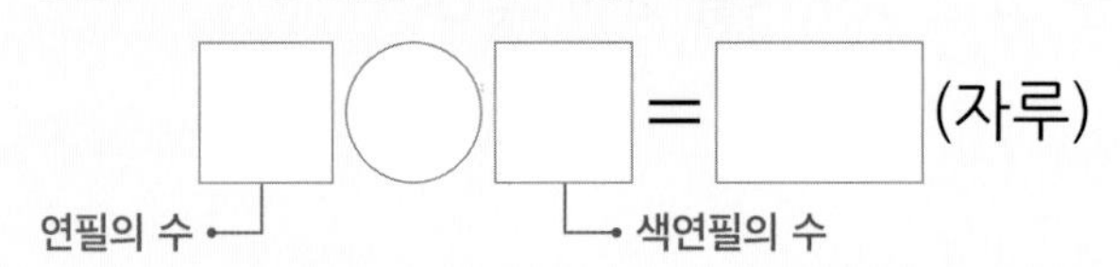

답 ____________

정답과 해설 10쪽

왼쪽 ❶번과 같이 문제에 색칠하고 밑줄을 그어 가며 문제를 풀어 보세요.

1-1 어느 가게에서 휴대 전화를 어제는 7대 팔았고, / 오늘은 어제보다 4대 더 적게 팔았습니다. / 이 가게에서 이틀 동안 판 휴대 전화는 모두 몇 대인가요?

문제 돋보기

✔ 어제 판 휴대 전화의 수는?

→ □대

✔ 오늘 판 휴대 전화의 수는?

→ 어제 판 휴대 전화보다 □대 더 적습니다.

★ 구해야 할 것은?

→ ______________________

풀이 과정

❶ 오늘 판 휴대 전화의 수는?

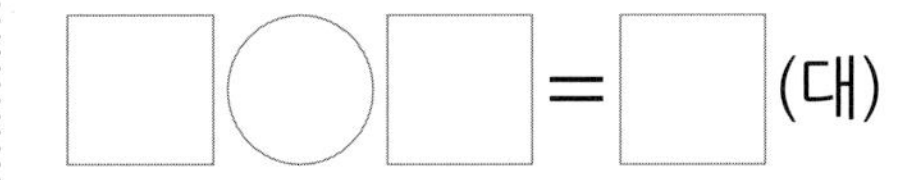

□ ○ □ = □(대)

❷ 이틀 동안 판 휴대 전화는 모두 몇 대?

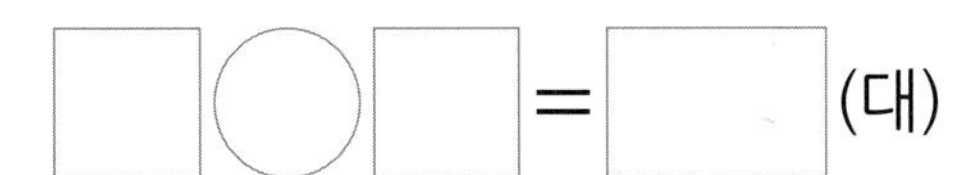

□ ○ □ = □(대)

답 ______________

□ 어려워요!

□ 쉬워요 >o<

처음 수와 남은 수를 이용하여 모르는 수 구하기

풀밭에 잠자리 10마리가 있었습니다. /
잠자리 몇 마리가 날아갔더니 /
풀밭에 남은 잠자리가 3마리였습니다. /
날아간 잠자리는 몇 마리인가요?

★ 구해야 할 것

문제 돋보기

✔ 처음 풀밭에 있던 잠자리의 수는?

→ □마리

✔ 풀밭에 남은 잠자리의 수는?

→ □마리

★ 구해야 할 것은?

→ 날아간 잠자리의 수

풀이 과정

❶ 날아간 잠자리의 수를 ■마리라 하여 식으로 나타내면?

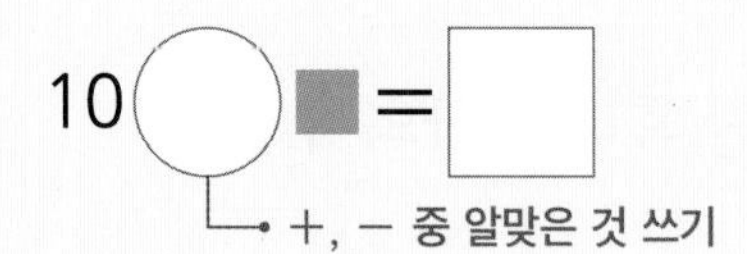

❷ 날아간 잠자리는 몇 마리?

10에서 빼서 3이 되는 수는 7이므로 ■ = □입니다.

⇨ 날아간 잠자리는 □마리입니다.

답 ______

정답과 해설 10쪽

왼쪽 ❷번과 같이 문제에 색칠하고 밑줄을 그어 가며 문제를 풀어 보세요.

2-1

교실에 학생 10명이 있었습니다. / 학생 몇 명이 교실 밖으로 나갔더니 / 교실에 남은 학생이 5명이었습니다. / 교실 밖으로 나간 학생은 몇 명인가요?

문제 돋보기

✔ 처음 교실에 있던 학생 수는?

→ ☐명

✔ 교실에 남은 학생 수는?

→ ☐명

★ 구해야 할 것은?

→ ______________________

풀이 과정

❶ 교실 밖으로 나간 학생 수를 ■명이라 하여 식으로 나타내면?

10 ◯ ■ = ☐

❷ 교실 밖으로 나간 학생은 몇 명?

10에서 빼서 5가 되는 수는 5이므로 ■ = ☐입니다.

⇨ 교실 밖으로 나간 학생은 ☐명입니다.

답 ______________

문제가 어려웠나요?

☐ 어려워요!

☐ 적당해요 ^-^

☐ 쉬워요 >o<

◆ 모두 얼마인지 구하기

◆ 처음 수와 남은 수를 이용하여 모르는 수 구하기

문제를 읽고 '연습하기'에서 했던 것처럼 밑줄을 그어 가며 문제를 풀어 보세요.

1 꽃집에 장미는 8다발 있고, 튤립은 장미보다 6다발 더 적게 있습니다. 꽃집에 있는 장미와 튤립은 모두 몇 다발인가요?

❶ 꽃집에 있는 튤립의 다발 수는?

❷ 꽃집에 있는 장미와 튤립은 모두 몇 다발?

답 ______________

2 미영이는 포도주스를 4병 샀고, 오렌지주스는 포도주스보다 2병 더 많이 샀습니다. 미영이가 산 주스는 모두 몇 병인가요?

❶ 미영이가 산 오렌지주스의 수는?

❷ 미영이가 산 주스는 모두 몇 병?

답 ______________

정답과 해설 11쪽

3 텃밭에 배추 10포기가 있었습니다. 배추 몇 포기를 뽑았더니 남은 배추가 7포기였습니다. 뽑은 배추는 몇 포기인가요?

❶ 뽑은 배추의 수를 ■포기라 하여 식으로 나타내면?

❷ 뽑은 배추는 몇 포기?

답 ______________

4 영화 포스터가 10장 있었습니다. 그중 몇 장을 벽에 붙였더니 4장이 남았습니다. 벽에 붙인 영화 포스터는 몇 장인가요?

❶ 벽에 붙인 영화 포스터의 수를 ■장이라 하여 식으로 나타내면?

❷ 벽에 붙인 영화 포스터는 몇 장?

답 ______________

남아 있는 수의 크기 비교하기

은지는 아몬드 10개와 땅콩 7개를 가지고 있었습니다. /
그중 아몬드 2개를 동생에게 주었습니다. /
아몬드와 땅콩 중 /
은지에게 더 많이 남아 있는 것은 무엇인가요?

문제 돋보기

✔ 처음에 은지가 가지고 있던 아몬드와 땅콩의 수는?

→ 아몬드: ☐개, 땅콩: ☐개

✔ 동생에게 준 아몬드의 수는?

→ ☐개

★ 구해야 할 것은?

→ 아몬드와 땅콩 중 은지에게 더 많이 남아 있는 것

풀이 과정

❶ 남아 있는 아몬드의 수는?

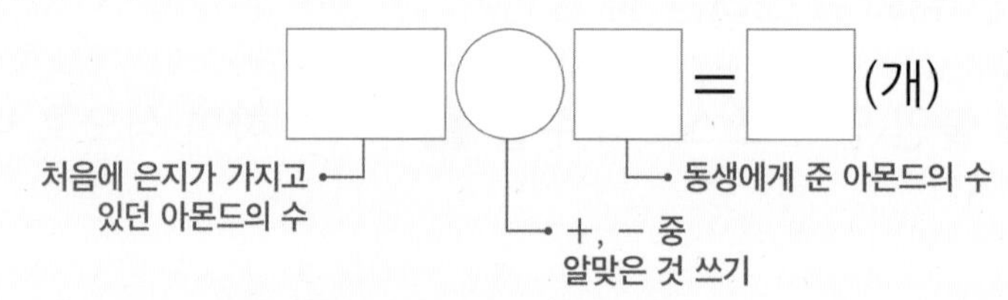

❷ 아몬드와 땅콩 중 은지에게 더 많이 남아 있는 것은?

☐ > ☐ 이므로 은지에게 더 많이 남아 있는 것은 ☐ 입니다.

답 ____________

정답과 해설 11쪽

왼쪽 ❶번과 같이 문제에 색칠하고 밑줄을 그어 가며 문제를 풀어 보세요.

1-1

식당에 식용유 3통과 포도씨유 10통이 있었습니다. / 그중 요리를 하는 데 포도씨유 9통을 사용했습니다. / 식용유와 포도씨유 중 / 식당에 더 많이 남아 있는 것은 무엇인가요?

문제 돋보기

✔ 처음 식당에 있던 식용유와 포도씨유의 수는?

→ 식용유: ☐통, 포도씨유: ☐통

✔ 요리를 하는 데 사용한 포도씨유의 수는?

→ ☐통

★ 구해야 할 것은?

→ ______

풀이 과정

❶ 남아 있는 포도씨유의 수는?

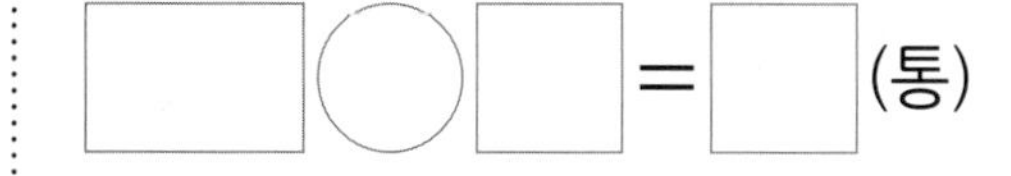

☐ ◯ ☐ = ☐ (통)

❷ 식용유와 포도씨유 중 식당에 더 많이 남아 있는 것은?

☐ > ☐ 이므로 식당에 더 많이 남아 있는 것은 ☐ 입니다.

답 ______

문제가 어려웠나요?

☐ 어려워요!

☐ 적당해요 ^_^

☐ 쉬워요 >o<

합이 10이 되도록 고르고 남은 수 카드의 수의 합 구하기

5장의 수 카드 1, 2, 4, 8, 3 중에서 2장을 사용하여 / 두 수의 합이 10이 되도록 만들었습니다. / 남은 수 카드의 세 수의 합을 구해 보세요.

★ 구해야 할 것

✔ 수 카드 2장을 사용하여 만들어야 하는 두 수의 합은?

→ ☐

★ 구해야 할 것은?

→ 두 수의 합이 10이 되도록 만들고 남은 수 카드의 세 수의 합

풀이 과정

❶ 수 카드 2장을 사용하여 두 수의 합이 10이 되도록 만들면?

☐ + ☐ = 10

❷ 두 수의 합이 10이 되도록 만들고 남은 수 카드의 세 수의 합은?

남은 수 카드는 ☐, ☐, ☐ 이므로

세 수의 합은 ☐ + ☐ + ☐ = ☐ 입니다.

답 ________

정답과 해설 12쪽

왼쪽 ❷번과 같이 문제에 색칠하고 밑줄을 그어 가며 문제를 풀어 보세요.

2-1 5장의 수 카드 [2], [3], [1], [4], [7] 중에서 2장을 사용하여 / 두 수의 합이 10이 되도록 만들었습니다. / 남은 수 카드의 세 수의 합을 구해 보세요.

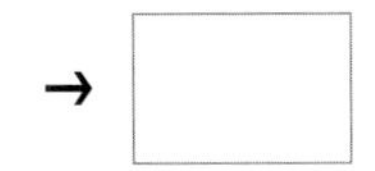

문제 돋보기

✔ 수 카드 2장을 사용하여 만들어야 하는 두 수의 합은?

→ ☐

★ 구해야 할 것은?

→ ____________________

풀이 과정

❶ 수 카드 2장을 사용하여 두 수의 합이 10이 되도록 만들면?

☐ + ☐ = 10

❷ 두 수의 합이 10이 되도록 만들고 남은 수 카드의 세 수의 합은?

남은 수 카드는 ☐, ☐, ☐ 이므로

세 수의 합은 ☐ + ☐ + ☐ = ☐ 입니다.

답 ____________________

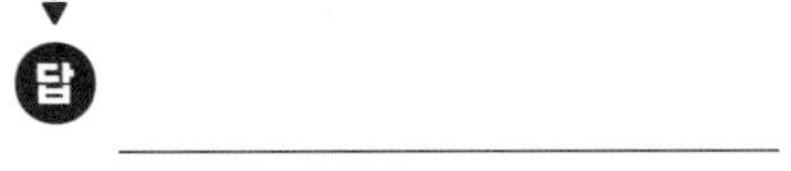

문제가 어려웠나요?

☐ 어려워요!

☐ 적당해요 ^-^

☐ 쉬워요 >o<

- 남아 있는 수의 크기 비교하기
- 합이 10이 되도록 고르고 남은 수 카드의 수의 합 구하기

문제를 읽고 '연습하기'에서 했던 것처럼 밑줄을 그어 가며 문제를 풀어 보세요.

1 명윤이는 단풍잎 10장과 은행잎 5장을 주웠습니다. 그중 단풍잎 6장으로 책갈피를 만들었습니다. 단풍잎과 은행잎 중 명윤이에게 더 많이 남아 있는 것은 무엇인가요?

❶ 남아 있는 단풍잎의 수는?

❷ 단풍잎과 은행잎 중 명윤이에게 더 많이 남아 있는 것은?

답 ______________

2 신발 가게에 운동화가 8켤레, 구두가 10켤레 있었습니다. 오늘 구두를 1켤레 팔았습니다. 운동화와 구두 중 신발 가게에 더 많이 남아 있는 것은 무엇인가요?

❶ 남아 있는 구두의 수는?

❷ 운동화와 구두 중 신발 가게에 더 많이 남아 있는 것은?

답 ______________

정답과 해설 12쪽

3 5장의 수 카드 4, 1, 5, 6, 2 중에서 2장을 사용하여 두 수의 합이 10이 되도록 만들었습니다. 남은 수 카드의 세 수의 합을 구해 보세요.

❶ 수 카드 2장을 사용하여 두 수의 합이 10이 되도록 만들면?

❷ 두 수의 합이 10이 되도록 만들고 남은 수 카드의 세 수의 합은?

답 ______________

4 5장의 수 카드 7, 6, 3, 2, 1 중에서 2장을 사용하여 두 수의 합이 10이 되도록 만들었습니다. 남은 수 카드의 세 수의 합을 구해 보세요.

❶ 수 카드 2장을 사용하여 두 수의 합이 10이 되도록 만들면?

❷ 두 수의 합이 10이 되도록 만들고 남은 수 카드의 세 수의 합은?

답 ______________

8일

단원 마무리

38쪽 모양이 나타내는 수 구하기

1 같은 모양은 같은 수를 나타냅니다. ▲가 나타내는 수는 얼마인가요?

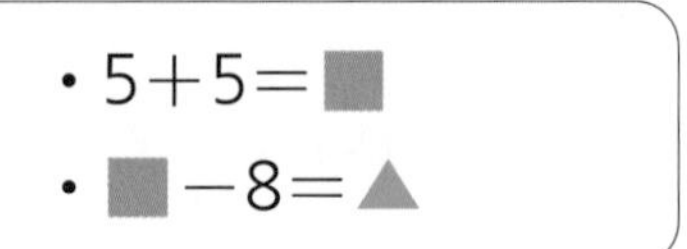

풀이

답 ____________

46쪽 처음 수와 남은 수를 이용하여 모르는 수 구하기

2 굴 속에 두더지 10마리가 있었습니다. 두더지 몇 마리가 굴 밖으로 나갔더니 남은 두더지가 7마리였습니다. 굴 밖으로 나간 두더지는 몇 마리인가요?

풀이

답 ____________

정답과 해설 13쪽

44쪽 모두 얼마인지 구하기

3 재연이네 가족은 4명이고, 수진이네 가족은 재연이네 가족보다 2명 더 많습니다. 재연이네 가족과 수진이네 가족은 모두 몇 명인가요?

풀이

답 ____________

44쪽 모두 얼마인지 구하기

4 예리는 빨간색 풍선을 9개 불고, 파란색 풍선을 빨간색 풍선보다 8개 더 적게 불었습니다. 예리가 분 풍선은 모두 몇 개인가요?

답 ____________

40쪽 10이 되는 더하기를 이용하여 덧셈식 만들기

5 ●와 ◆에 알맞은 수를 써넣어 만들 수 있는 덧셈식을 2개 써 보세요.

6+●+◆=16

풀이

답 ____________, ____________

46쪽 처음 수와 남은 수를 이용하여 모르는 수 구하기

6 라면 10봉지가 있었습니다. 그중 몇 봉지를 끓였더니 남은 라면이 6봉지였습니다. 끓인 라면은 몇 봉지인가요?

풀이

답 ____________

50쪽 남아 있는 수의 크기 비교하기

7 혜나 어머니는 사과파이 3판과 호두파이 10판을 구웠습니다. 그중 호두파이 9판을 선물했습니다. 사과파이와 호두파이 중 혜나 어머니에게 더 많이 남아 있는 것은 무엇인가요?

풀이

답 ____________

52쪽 합이 10이 되도록 고르고 남은 수 카드의 수의 합 구하기

8 5장의 수 카드 [1], [2], [4], [9], [3] 중에서 2장을 사용하여 두 수의 합이 10이 되도록 만들었습니다. 남은 수 카드의 세 수의 합을 구해 보세요.

풀이

답 ____________

52쪽 합이 10이 되도록 고르고 남은 수 카드의 수의 합 구하기

9 5장의 수 카드 [3], [5], [2], [1], [8] 중에서 2장을 사용하여 두 수의 합이 10이 되도록 만들었습니다. 남은 수 카드의 세 수의 합을 구해 보세요.

풀이

탑

38쪽 모양이 나타내는 수 구하기

같은 모양은 같은 수를 나타냅니다. ♣가 나타내는 수는 얼마인가요?

- $6+♥=10$
- $♥+5=★$
- $★-3-1=♣$

❶ ♥가 나타내는 수는?

❷ ★이 나타내는 수는?

❸ ♣가 나타내는 수는?

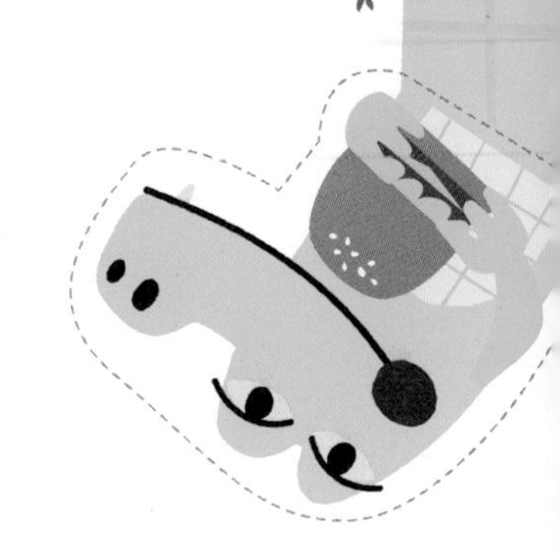

탑

3 모양과 시각

내가 입은 옷을
색칠하여 꾸며 봐!

- 점선을 따라 잘랐을 때 모양의 수 비교하기
- 주어진 모양으로 꾸민 모양 찾기

- 더 늦은(빠른) 시각 구하기
- 시계의 긴바늘이 돌았을 때 시계가 가리키는 시각 구하기

단원 마무리

함께 이야기해요!

요리를 만들며 빈칸에 알맞은 수를 쓰고, 알맞은 모양에 ○표 해 보세요.

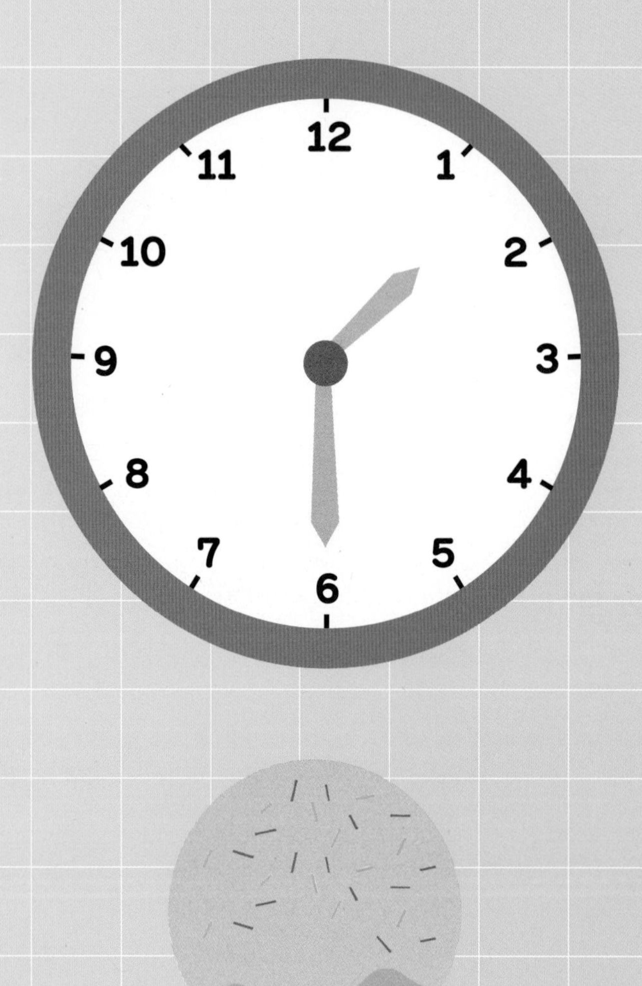

시계의 짧은바늘이 1과 2 사이,
긴바늘이 6을 가리키고 있으니까
지금은 [ ] 시 [ ] 분이야.

오늘 만든 도넛은
(□ , △ , ○) 모양이야.

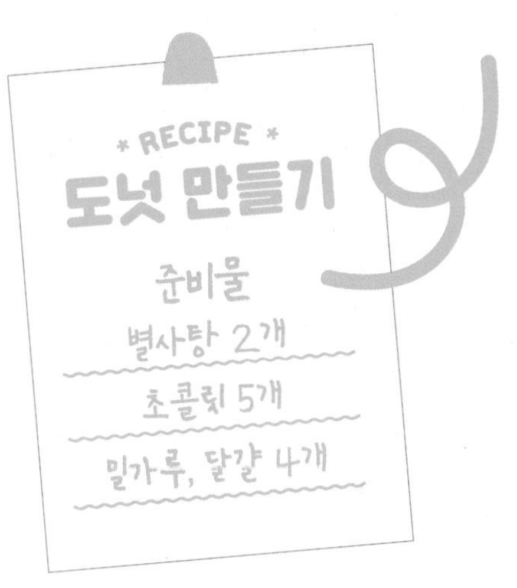

* RECIPE *
도넛 만들기
준비물
별사탕 2개
초콜릿 5개
밀가루, 달걀 4개

도넛 만들기 준비물을
(□ , △ , ○) 모양
메모지에 적었어.

정답과 해설 14쪽

점선을 따라 잘랐을 때 모양의 수 비교하기

오른쪽 그림과 같은 색종이를 **점선을 따라** 잘랐습니다. /

△ 모양은 □ 모양보다 몇 개 더 많은가요?

★ 구해야 할 것

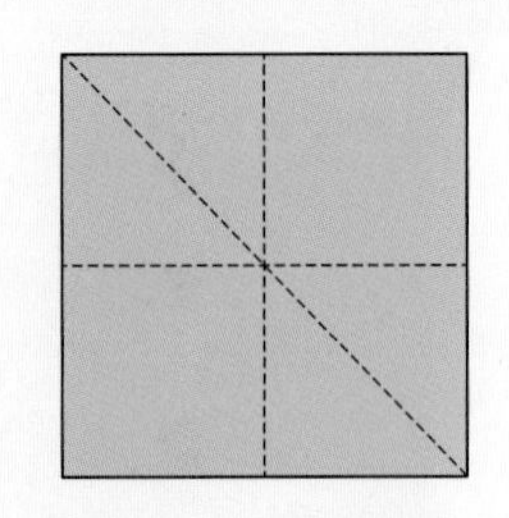

문제 돋보기

✔ 그림에서 □ 모양에 □표, △ 모양에 △표 하면?

→ 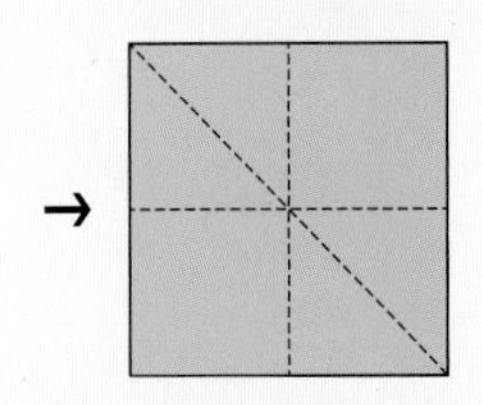

★ 구해야 할 것은?

→ ■ 모양과 ▲ 모양의 수의 차

풀이 과정

❶ □ 모양과 △ 모양은 각각 몇 개?

□ 모양은 ☐개, △ 모양은 ☐개입니다.

❷ △ 모양은 □ 모양보다 몇 개 더 많은지 구하면?

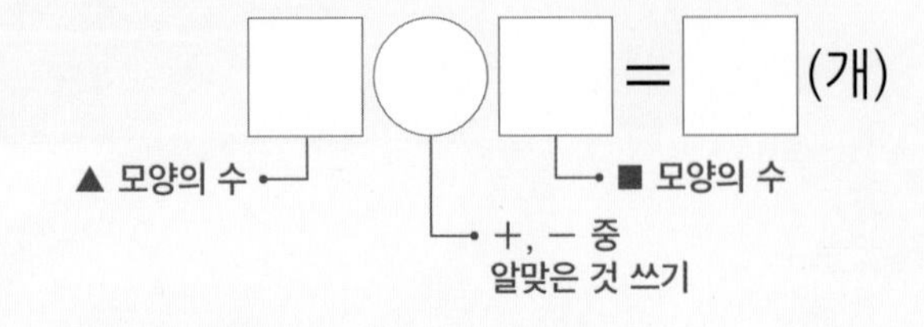

답 ________

정답과 해설 14쪽

왼쪽 ❶번과 같이 문제에 색칠하고 밑줄을 그어 가며 문제를 풀어 보세요.

1-1 오른쪽 그림과 같은 색종이를 점선을 따라 잘랐습니다. / □ 모양은 △ 모양보다 몇 개 더 많은가요?

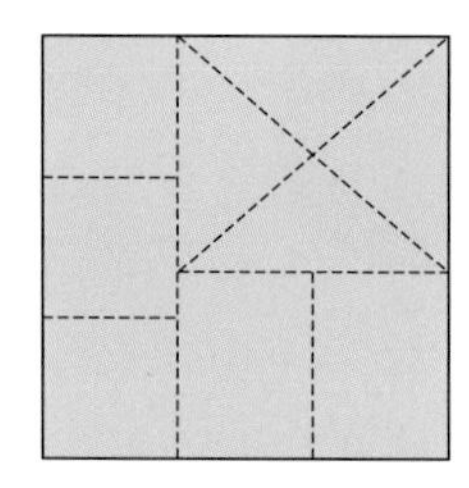

문제 돋보기

✔ 그림에서 □ 모양에 □표, △ 모양에 △표 하면?

→ 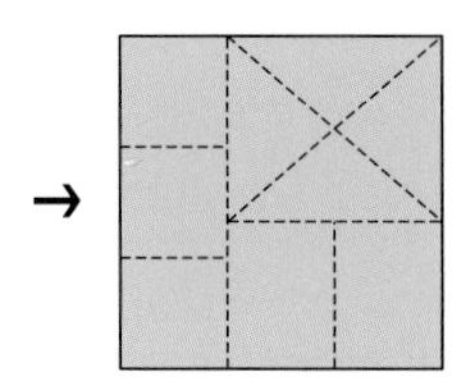

★ 구해야 할 것은?

→ ________________

풀이 과정

❶ □ 모양과 △ 모양은 각각 몇 개?

□ 모양은 ☐개, △ 모양은 ☐개입니다.

❷ □ 모양은 △ 모양보다 몇 개 더 많은지 구하면?

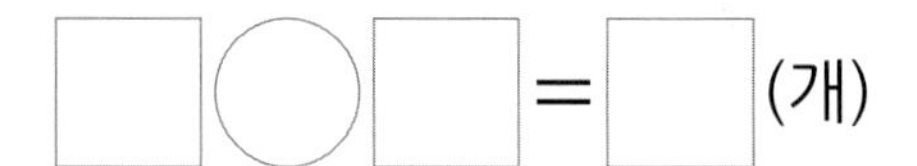

☐ ○ ☐ = ☐(개)

답 ________________

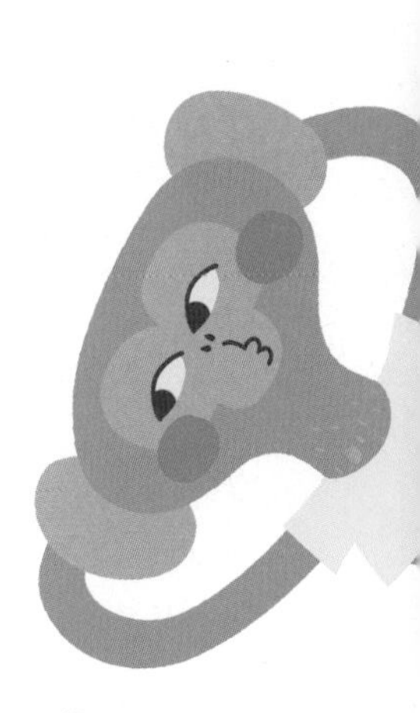

문제가 어려웠나요?

☐ 어려워요!

☐ 적당해요 ^-^

☐ 쉬워요 >o<

주어진 모양으로 꾸민 모양 찾기

2

□, △, ○ 모양으로 집과 물고기를 꾸몄습니다. /
□ 모양 3개, △ 모양 1개, ○ 모양 2개로 / 꾸민 모양을 찾아 써 보세요.

★ 구해야 할 것

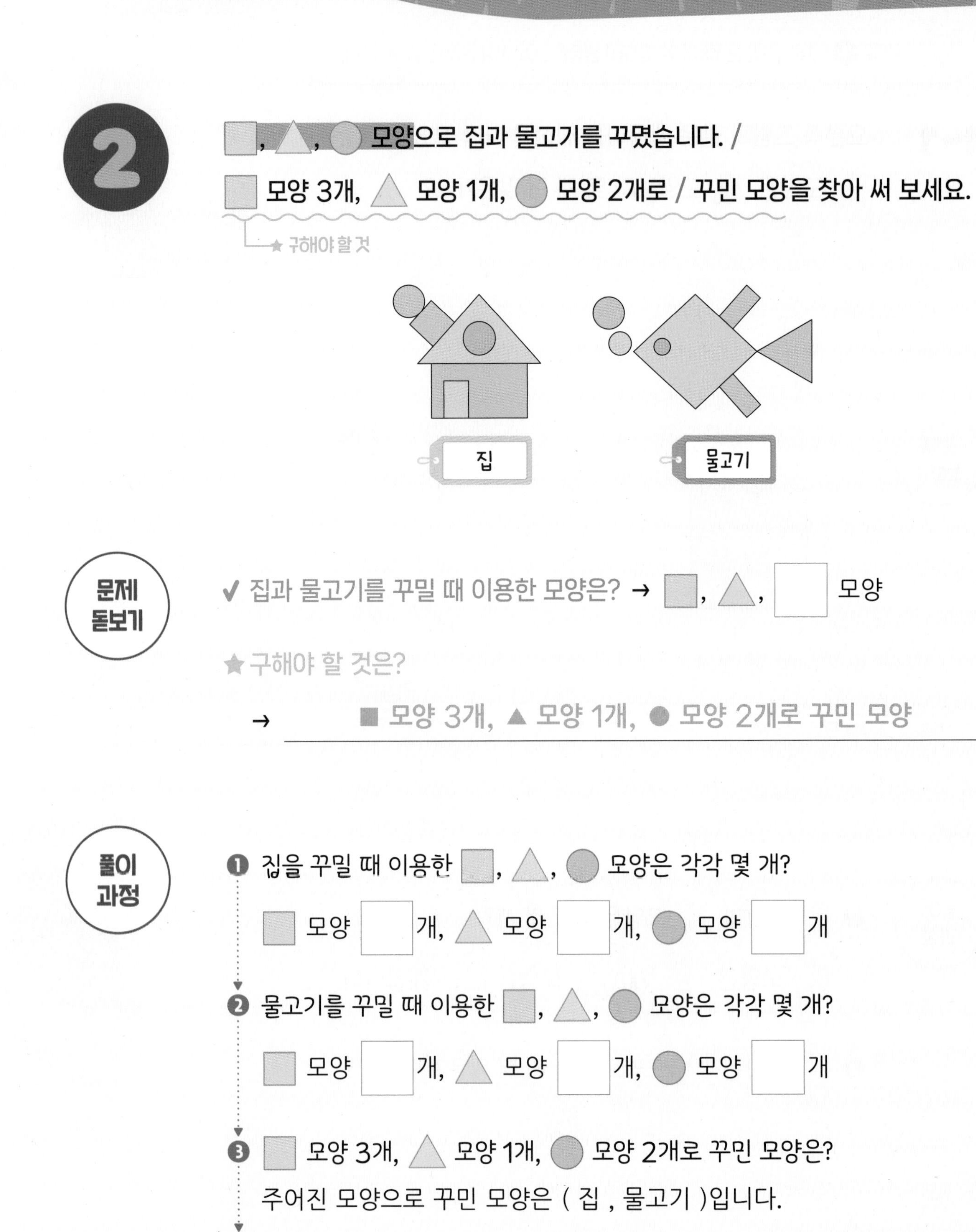

문제 돋보기

✔ 집과 물고기를 꾸밀 때 이용한 모양은? → □, △, [ ] 모양

★ 구해야 할 것은?

→ ■ 모양 3개, ▲ 모양 1개, ● 모양 2개로 꾸민 모양

풀이 과정

❶ 집을 꾸밀 때 이용한 □, △, ○ 모양은 각각 몇 개?

□ 모양 [ ]개, △ 모양 [ ]개, ○ 모양 [ ]개

❷ 물고기를 꾸밀 때 이용한 □, △, ○ 모양은 각각 몇 개?

□ 모양 [ ]개, △ 모양 [ ]개, ○ 모양 [ ]개

❸ □ 모양 3개, △ 모양 1개, ○ 모양 2개로 꾸민 모양은?

주어진 모양으로 꾸민 모양은 (집 , 물고기)입니다.

답 ______________

정답과 해설 15쪽

왼쪽 ❷번과 같이 문제에 색칠하고 밑줄을 그어 가며 문제를 풀어 보세요.

2-1 ■, ▲, ● 모양으로 배와 나비를 꾸몄습니다. / ■ 모양 2개, ▲ 모양 4개, ● 모양 2개로 / 꾸민 모양을 찾아 써 보세요.

배 나비

문제 돋보기

✔ 배와 나비를 꾸밀 때 이용한 모양은? → ■, ☐, ☐ 모양

★ 구해야 할 것은?

→ ______________________

풀이 과정

❶ 배를 꾸밀 때 이용한 ■, ▲, ● 모양은 각각 몇 개?

■ 모양 ☐개, ▲ 모양 ☐개, ● 모양 ☐개

❷ 나비를 꾸밀 때 이용한 ■, ▲, ● 모양은 각각 몇 개?

■ 모양 ☐개, ▲ 모양 ☐개, ● 모양 ☐개

❸ ■ 모양 2개, ▲ 모양 4개, ● 모양 2개로 꾸민 모양은?

주어진 모양으로 꾸민 모양은 (배 , 나비)입니다.

답 ______________

문제가 어려웠나요?

☐ 어려워요!
☐ 적당해요 ^_^
☐ 쉬워요 >o<

문장제 실력쌓기

◆ 점선을 따라 잘랐을 때 모양의 수 비교하기
◆ 주어진 모양으로 꾸민 모양 찾기

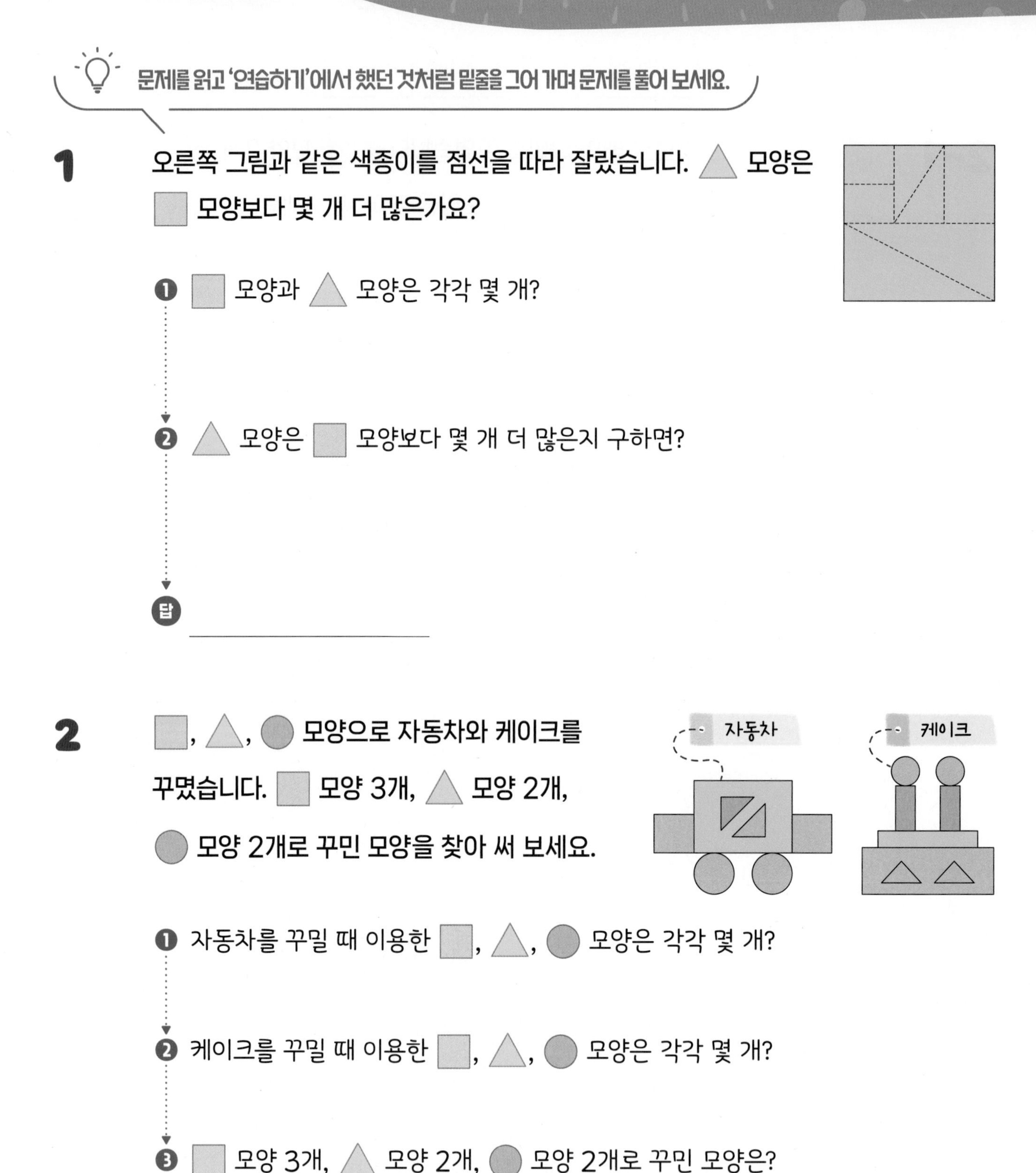

문제를 읽고 '연습하기'에서 했던 것처럼 밑줄을 그어 가며 문제를 풀어 보세요.

1 오른쪽 그림과 같은 색종이를 점선을 따라 잘랐습니다. △ 모양은 □ 모양보다 몇 개 더 많은가요?

❶ □ 모양과 △ 모양은 각각 몇 개?

❷ △ 모양은 □ 모양보다 몇 개 더 많은지 구하면?

답 ____________

2 □, △, ○ 모양으로 자동차와 케이크를 꾸몄습니다. □ 모양 3개, △ 모양 2개, ○ 모양 2개로 꾸민 모양을 찾아 써 보세요.

❶ 자동차를 꾸밀 때 이용한 □, △, ○ 모양은 각각 몇 개?

❷ 케이크를 꾸밀 때 이용한 □, △, ○ 모양은 각각 몇 개?

❸ □ 모양 3개, △ 모양 2개, ○ 모양 2개로 꾸민 모양은?

답 ____________

정답과 해설 15쪽

3

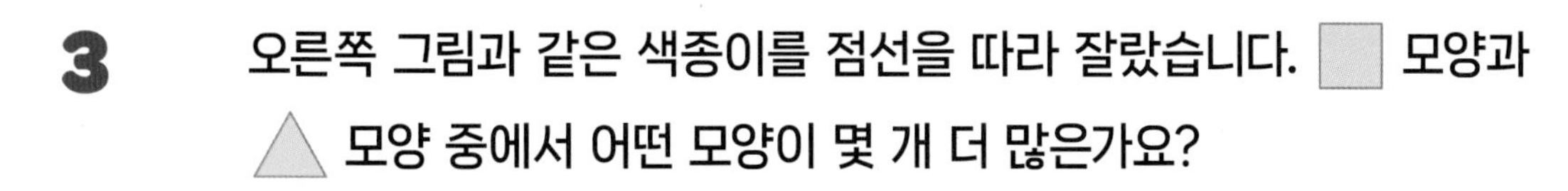

오른쪽 그림과 같은 색종이를 점선을 따라 잘랐습니다. □ 모양과 △ 모양 중에서 어떤 모양이 몇 개 더 많은가요?

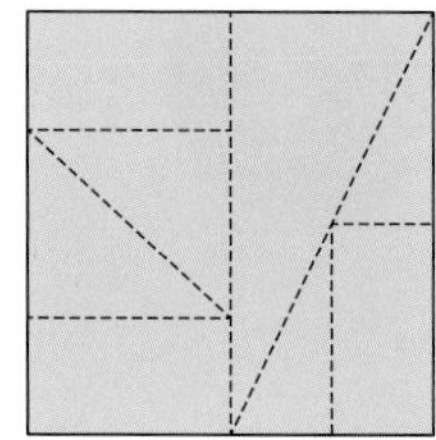

❶ □ 모양과 △ 모양은 각각 몇 개?

❷ 어떤 모양이 몇 개 더 많은지 구하면?

답 ______________ , ______________

4

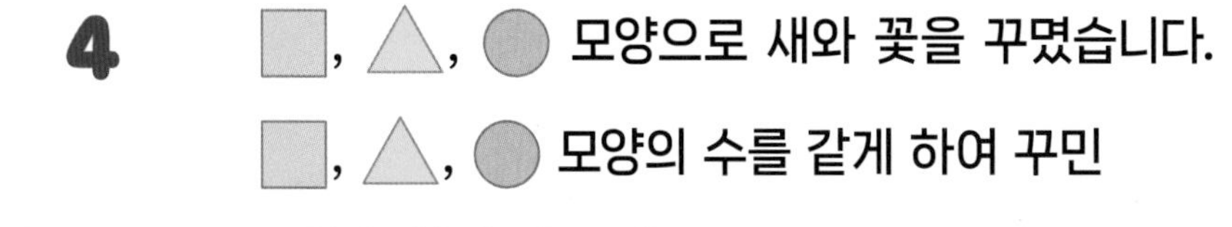

□, △, ○ 모양으로 새와 꽃을 꾸몄습니다. □, △, ○ 모양의 수를 같게 하여 꾸민 모양을 찾아 써 보세요.

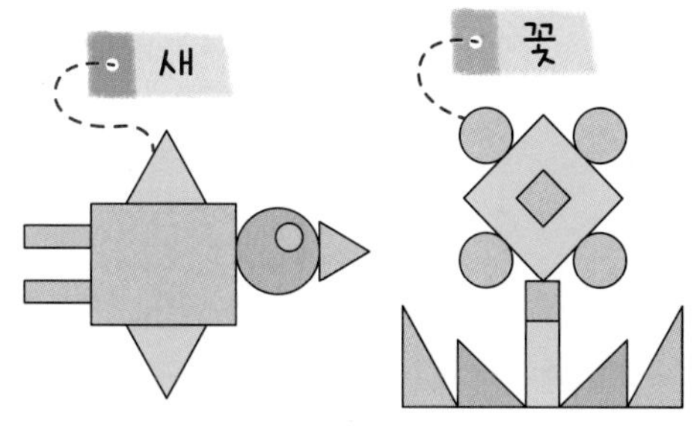

❶ 새를 꾸밀 때 이용한 □, △, ○ 모양은 각각 몇 개?

❷ 꽃을 꾸밀 때 이용한 □, △, ○ 모양은 각각 몇 개?

❸ □, △, ○ 모양의 수를 같게 하여 꾸민 모양은?

답 ______________

10일 문장제 연습하기 더 늦은(빠른) 시각 구하기

1 중기는 시계의 짧은바늘이 8과 9 사이, / 긴바늘이 6을 가리킬 때, / 민유는 시계의 짧은바늘이 8, / 긴바늘이 12를 가리킬 때 / 학교에 도착했습니다. / 학교에 더 빨리 도착한 사람은 누구인가요?

★ 구해야 할 것

문제 돋보기

✔ 중기가 학교에 도착했을 때 시계의 짧은바늘과 긴바늘이 가리킨 곳은?

→ 짧은바늘: 8과 ☐ 사이, 긴바늘: ☐

✔ 민유가 학교에 도착했을 때 시계의 짧은바늘과 긴바늘이 가리킨 곳은?

→ 짧은바늘: ☐, 긴바늘: ☐

★ 구해야 할 것은?

→ 학교에 더 빨리 도착한 사람

풀이 과정

❶ 중기와 민유가 각각 학교에 도착한 시각은?

중기는 ☐ 시 ☐ 분, 민유는 ☐ 시에 학교에 도착했습니다.

❷ 학교에 더 빨리 도착한 사람은?

☐ 시가 ☐ 시 ☐ 분보다 더 빠른 시각이므로

학교에 더 빨리 도착한 사람은 ☐ 입니다.

답 ________

정답과 해설 16쪽

왼쪽 ❶번과 같이 문제에 색칠하고 밑줄을 그어 가며 문제를 풀어 보세요.

1-1 인혜는 시계의 짧은바늘이 3과 4 사이 / 긴바늘이 6을 가리킬 때, / 한비는 시계의 짧은바늘이 4, / 긴바늘이 12를 가리킬 때 / 숙제를 끝냈습니다. / 숙제를 더 늦게 끝낸 사람은 누구인가요?

문제 돋보기

✔ 인혜가 숙제를 끝냈을 때 시계의 짧은바늘과 긴바늘이 가리킨 곳은?

→ 짧은바늘: 3과 ☐ 사이, 긴바늘: ☐

✔ 한비가 숙제를 끝냈을 때 시계의 짧은바늘과 긴바늘이 가리킨 곳은?

→ 짧은바늘: ☐, 긴바늘: ☐

★ 구해야 할 것은?

→ ______________________

풀이 과정

❶ 인혜와 한비가 각각 숙제를 끝낸 시각은?

인혜는 ☐ 시 ☐ 분, 한비는 ☐ 시에 숙제를 끝냈습니다.

❷ 숙제를 더 늦게 끝낸 사람은?

☐ 시가 ☐ 시 ☐ 분보다 더 늦은 시각이므로

숙제를 더 늦게 끝낸 사람은 ☐ 입니다.

답 ______________

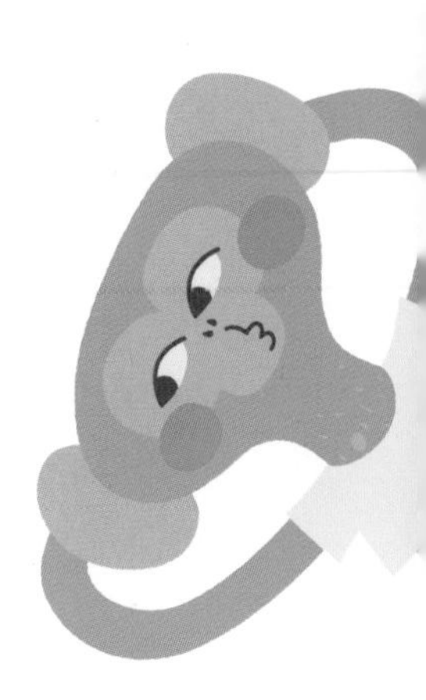

문제가 어려웠나요?

☐ 어려워요!

☐ 적당해요 ^_^

☐ 쉬워요 >o<

시계의 긴바늘이 돌았을 때 시계가 가리키는 시각 구하기

2

짧은바늘이 1과 2 사이, /
긴바늘이 6을 가리키는 시계가 있습니다. /
이 시계의 긴바늘이 한 바퀴 돌았을 때, /
시계가 가리키는 시각을 구해 보세요.

★ 구해야 할 것

문제 돋보기

✔ 시계의 짧은바늘과 긴바늘이 가리키는 곳은?

→ 짧은바늘: ☐ 과 ☐ 사이, 긴바늘: ☐

✔ 긴바늘이 한 바퀴 돌면?

→ 긴바늘이 한 바퀴 돌면 짧은바늘이 큰 눈금 ☐ 칸을 움직입니다.

★ 구해야 할 것은?

→ 긴바늘이 한 바퀴 돌았을 때, 시계가 가리키는 시각

풀이 과정

❶ 시계의 긴바늘이 한 바퀴 돌았을 때, 짧은바늘과 긴바늘이 가리키는 곳은?

짧은바늘은 ☐ 와(과) ☐ 사이, 긴바늘은 ☐ 을(를) 가리킵니다.

❷ 시계의 긴바늘이 한 바퀴 돌았을 때, 시계가 가리키는 시각은?

☐ 시 ☐ 분입니다.

답 ______

정답과 해설 16쪽

왼쪽 ❷번과 같이 문제에 색칠하고 밑줄을 그어 가며 문제를 풀어 보세요.

2-1 짧은바늘이 7, 긴바늘이 12를 가리키는 시계가 있습니다. / 이 시계의 긴바늘이 반 바퀴 돌았을 때, / 시계가 가리키는 시각을 구해 보세요.

문제 돋보기

✔ 시계의 짧은바늘과 긴바늘이 가리키는 곳은?

→ 짧은바늘: ☐, 긴바늘: ☐

✔ 긴바늘이 반 바퀴 돌면?

→ 긴바늘이 반 바퀴 돌면 긴바늘이 큰 눈금 ☐칸을 움직입니다.

★ 구해야 할 것은?

→ ______________________

풀이 과정

❶ 시계의 긴바늘이 반 바퀴 돌았을 때, 짧은바늘과 긴바늘이 가리키는 곳은?

짧은바늘은 ☐와(과) ☐ 사이, 긴바늘은 ☐을(를) 가리킵니다.

❷ 시계의 긴바늘이 반 바퀴 돌았을 때, 시계가 가리키는 시각은?

☐시 ☐분입니다.

답 ______________

문제가 어려웠나요?

☐ 어려워요!

☐ 적당해요 ^_^

☐ 쉬워요 >o<

◆ 더 늦은(빠른) 시각 구하기
◆ 시계의 긴바늘이 돌았을 때 시계가 가리키는 시각 구하기

문제를 읽고 '연습하기'에서 했던 것처럼 밑줄을 그어 가며 문제를 풀어 보세요.

1 윤지는 시계의 짧은바늘이 9와 10 사이, 긴바늘이 6을 가리킬 때, 주호는 시계의 짧은바늘이 10, 긴바늘이 12를 가리킬 때 잠자리에 들었습니다. 잠자리에 더 빨리 든 사람은 누구인가요?

❶ 윤지와 주호가 각각 잠자리에 든 시각은?

❷ 잠자리에 더 빨리 든 사람은?

답 ____________

2 짧은바늘이 11과 12 사이, 긴바늘이 6을 가리키는 시계가 있습니다. 이 시계의 긴바늘이 한 바퀴 돌았을 때, 시계가 가리키는 시각을 구해 보세요.

❶ 시계의 긴바늘이 한 바퀴 돌았을 때, 짧은바늘과 긴바늘이 가리키는 곳은?

❷ 시계의 긴바늘이 한 바퀴 돌았을 때, 시계가 가리키는 시각은?

답 ____________

정답과 해설 17쪽

3 기차역에서 첫차가 부산행은 시계의 짧은바늘이 5와 6 사이, 긴바늘이 6을 가리킬 때, 광주행은 시계의 짧은바늘이 5, 긴바늘이 12를 가리킬 때, 대전행은 시계의 짧은바늘이 6, 긴바늘이 12를 가리킬 때 출발합니다. 첫차가 가장 늦게 출발하는 기차는 무슨 행인가요?

❶ 부산행, 광주행, 대전행 첫차가 각각 출발하는 시각은?

❷ 첫차가 가장 늦게 출발하는 기차는 무슨 행인지 구하면?

답 ______________

4 도하는 시계의 짧은바늘이 2, 긴바늘이 12를 가리킬 때 퍼즐을 맞추기 시작하여 긴바늘이 반 바퀴 돌았을 때 다 맞췄습니다. 도하가 퍼즐을 다 맞췄을 때, 시계가 가리키는 시각을 구해 보세요.

❶ 시계의 긴바늘이 반 바퀴 돌았을 때, 짧은바늘과 긴바늘이 가리키는 곳은?

❷ 도하가 퍼즐을 다 맞췄을 때, 시계가 가리키는 시각은?

답 ______________

11일 단원 마무리

64쪽 점선을 따라 잘랐을 때 모양의 수 비교하기

1 오른쪽 그림과 같은 색종이를 점선을 따라 잘랐습니다.
△ 모양은 □ 모양보다 몇 개 더 많은가요?

풀이

탑 ______________

64쪽 점선을 따라 잘랐을 때 모양의 수 비교하기

2 오른쪽 그림과 같은 색종이를 점선을 따라 잘랐습니다.
□ 모양은 △ 모양보다 몇 개 더 많은가요?

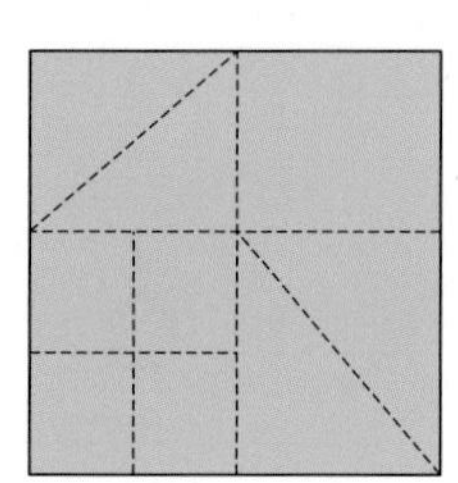

풀이

탑 ______________

70쪽 더 늦은(빠른) 시각 구하기

3 안나는 시계의 짧은바늘이 2와 3 사이, 긴바늘이 6을 가리킬 때, 동생은 시계의 짧은바늘이 3, 긴바늘이 12를 가리킬 때 집에 도착했습니다. 집에 더 빨리 도착한 사람은 누구인가요?

풀이

탑 ______________

정답과 해설 17쪽

72쪽 시계의 긴바늘이 돌았을 때 시계가 가리키는 시각 구하기

4 짧은바늘이 12와 1 사이, 긴바늘이 6을 가리키는 시계가 있습니다. 이 시계의 긴바늘이 한 바퀴 돌았을 때, 시계가 가리키는 시각을 구해 보세요.

풀이

답 ______________

64쪽 점선을 따라 잘랐을 때 모양의 수 비교하기

5 오른쪽 그림과 같은 색종이를 점선을 따라 잘랐습니다.

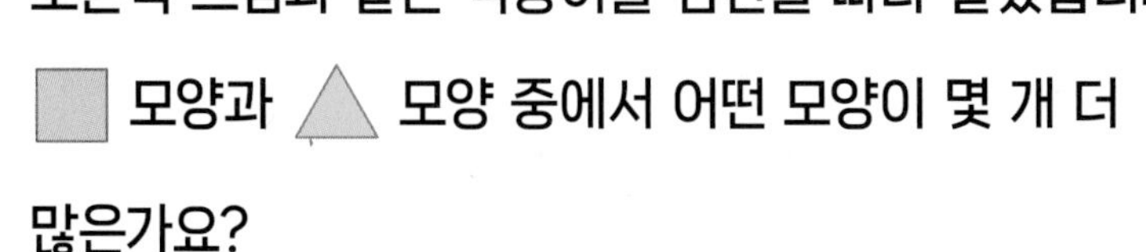

□ 모양과 △ 모양 중에서 어떤 모양이 몇 개 더 많은가요?

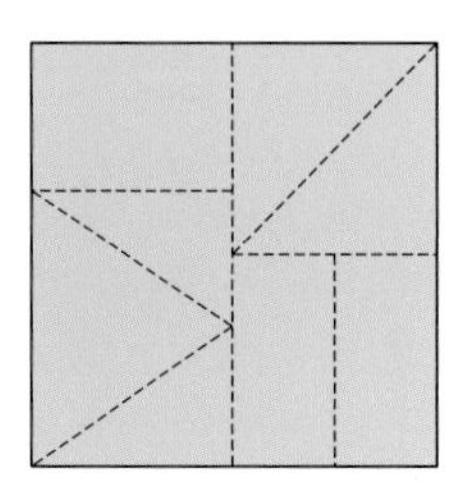

풀이

답 ______________ , ______________

72쪽 시계의 긴바늘이 돌았을 때 시계가 가리키는 시각 구하기

6 짧은바늘이 9, 긴바늘이 12를 가리키는 시계가 있습니다. 이 시계의 긴바늘이 반 바퀴 돌았을 때, 시계가 가리키는 시각을 구해 보세요.

풀이

답 ______________

66쪽 주어진 모양으로 꾸민 모양 찾기

7 ▢, △, ○ 모양으로 유모차와 우주선을 꾸몄습니다. ▢ 모양 3개, △ 모양 3개, ○ 모양 2개로 꾸민 모양을 찾아 써 보세요.

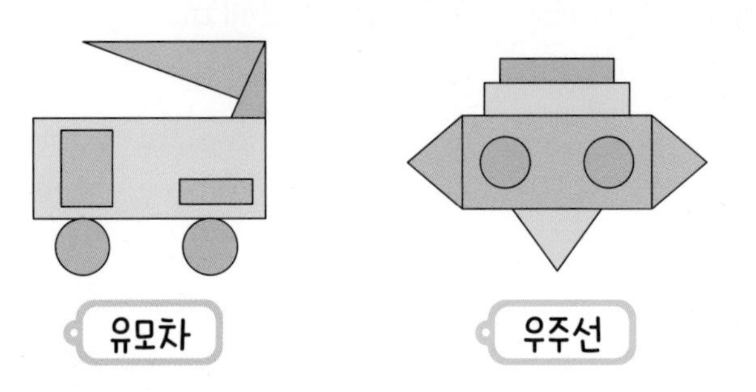

풀이

답 ______________

66쪽 주어진 모양으로 꾸민 모양 찾기

8 ▢, △, ○ 모양으로 왕관과 거북을 꾸몄습니다. ▢, △, ○ 모양의 수를 같게 하여 꾸민 모양을 찾아 써 보세요.

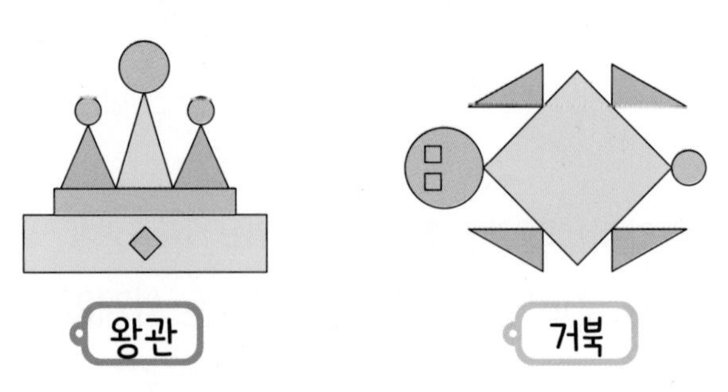

풀이

답 ______________

70쪽 더 늦은(빠른) 시각 구하기

9 예준이네 동네에 있는 병원은 시계의 짧은바늘이 6, 긴바늘이 12를 가리킬 때, 꽃집은 시계의 짧은바늘이 7, 긴바늘이 12를 가리킬 때, 문구점은 시계의 짧은바늘이 6과 7 사이, 긴바늘이 6을 가리킬 때 문을 닫습니다. 문을 가장 늦게 닫는 곳은 어디인가요?

풀이

탑 ____________

72쪽 시계의 긴바늘이 돌았을 때 시계가 가리키는 시각 구하기

어린이 뮤지컬이 시계의 짧은바늘이 4, 긴바늘이 12를 가리킬 때 시작하여 긴바늘이 한 바퀴 반을 돌았을 때 끝났습니다. 어린이 뮤지컬이 끝났을 때, 시계가 가리키는 시각을 구해 보세요.

❶ 시계의 긴바늘이 한 바퀴 돌았을 때, 짧은바늘과 긴바늘이 가리키는 곳은?

❷ 위 ❶에서 구한 시각에서 시계의 긴바늘이 반 바퀴 더 돌았을 때, 짧은바늘과 긴바늘이 가리키는 곳은?

❸ 어린이 뮤지컬이 끝났을 때, 시계가 가리키는 시각은?

탑 ____________

4 덧셈과 뺄셈(2)

내가 입은 바지를
색칠하여 꾸며 봐!

- 덧셈과 뺄셈
- □ 안에 들어갈 수 있는 가장 큰(작은) 수 구하기

13일

- 몇 개 더 많은지(적은지) 구하기
- 조건에 알맞은 수 구하기

14일

단원 마무리

문장제 준비하기

함께 이야기해요!

요리를 만들며 빈칸에 알맞은 수나 기호를 써 보세요.

* RECIPE *
케이크 만들기
준비물
버터, 밀가루, 우유
딸기 6개
달걀 3개

흰색 달걀이 8개, 갈색 달걀이 4개니까

달걀은 모두 8  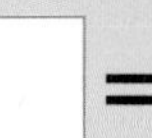 = 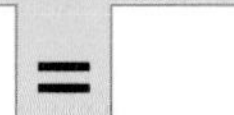 (개)네.

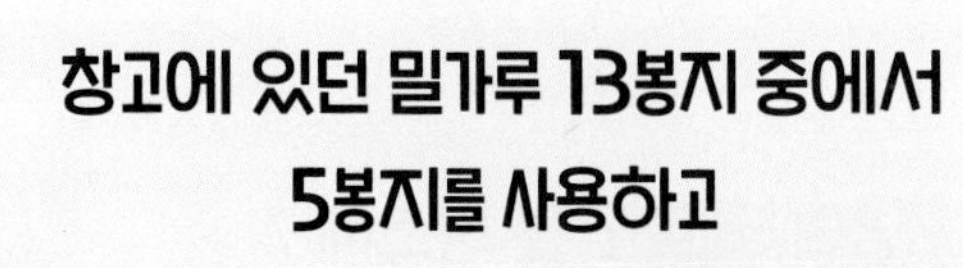

창고에 있던 밀가루 13봉지 중에서
5봉지를 사용하고
13 ○ □ = □(봉지) 남았어.

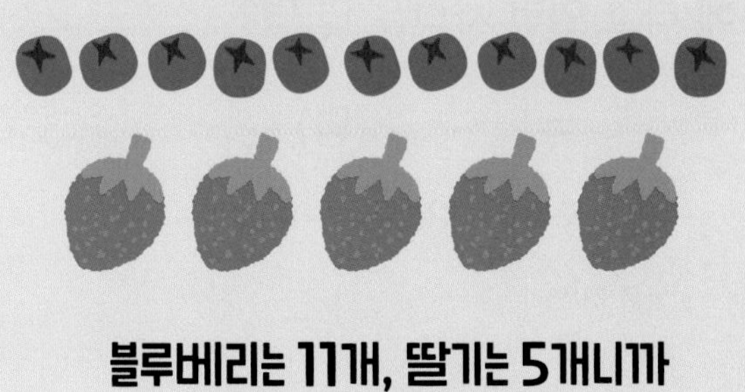

블루베리는 11개, 딸기는 5개니까
블루베리는 딸기보다
□ − □ = □(개) 더 많아.

7명이 타고 있던 버스에 /
첫 번째 정류장에서 4명이 타고, /
두 번째 정류장에서 8명이 내렸습니다. /
지금 버스에 타고 있는 사람은 몇 명인가요?

문제 돋보기

✔ 처음 버스에 타고 있던 사람 수는? → □명

✔ 첫 번째 정류장에서 탄 사람 수는? → □명

✔ 두 번째 정류장에서 내린 사람 수는? → □명

★ 구해야 할 것은?

→ 지금 버스에 타고 있는 사람 수

풀이 과정

❶ 첫 번째 정류장을 떠날 때 버스에 타고 있던 사람은 몇 명?

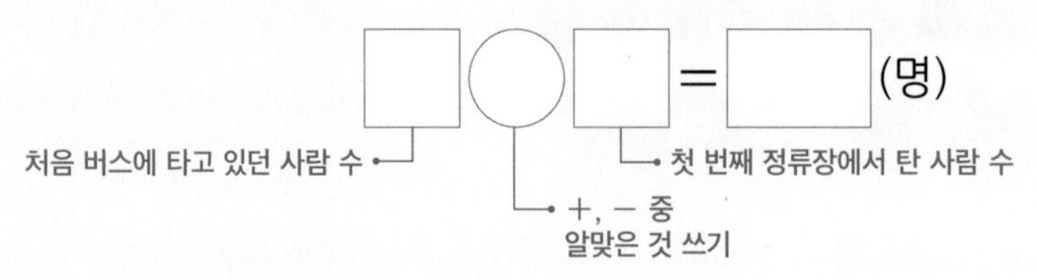

❷ 지금 버스에 타고 있는 사람 수는?

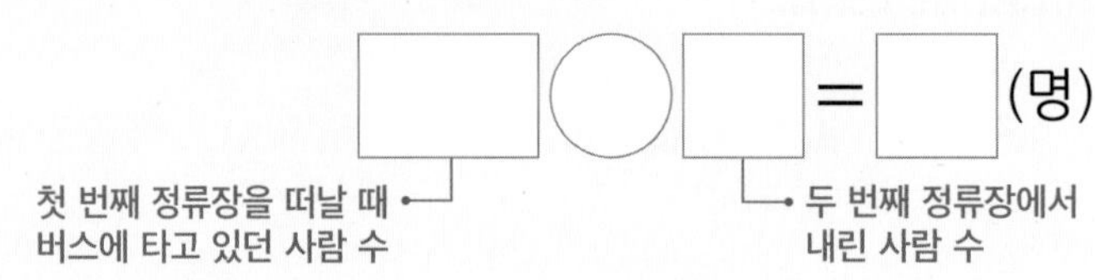

답 ____________

정답과 해설 19쪽

왼쪽 ❶번과 같이 문제에 색칠하고 밑줄을 그어 가며 문제를 풀어 보세요.

1-1 주성이는 공책을 6권 가지고 있었습니다. / 형에게 공책을 6권 받은 후 / 동생에게 3권을 주었습니다. / 지금 주성이가 가지고 있는 공책은 몇 권인가요?

문제 돋보기

✔ 처음 주성이가 가지고 있던 공책의 수는? → □권

✔ 형에게 받은 공책의 수는? → □권

✔ 동생에게 준 공책의 수는? → □권

★ 구해야 할 것은?

→ ______________________________

풀이 과정

❶ 형에게 받은 후 주성이가 가지고 있던 공책의 수는?

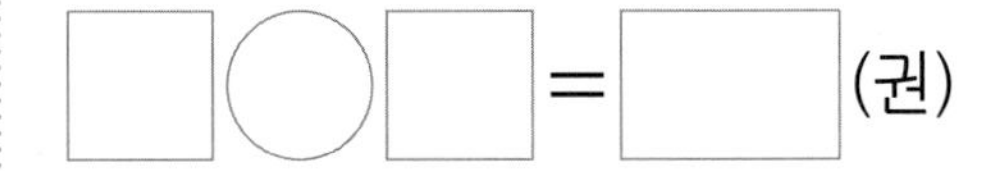

□○□=□(권)

❷ 지금 주성이가 가지고 있는 공책의 수는?

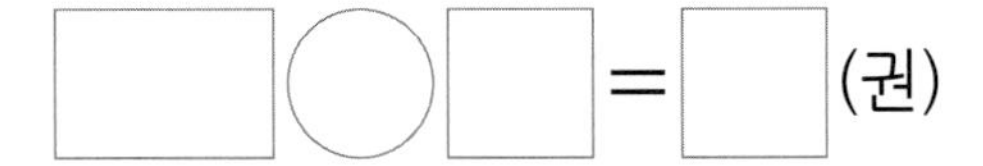

□○□=□(권)

답 

문제가 어려웠나요?

□ 어려워요!

□ 적당해요 ^-^

□ 쉬워요 >o<

□ 안에 들어갈 수 있는 가장 큰(작은) 수 구하기

2 1부터 9까지의 수 중에서 /
□ 안에 들어갈 수 있는 가장 큰 수를 구해 보세요.

★ 구해야 할 것

$8+\square<13$

문제 돋보기

★ 구해야 할 것은?

→ □ 안에 들어갈 수 있는 가장 큰 수

✔ $8+\square<13$에서 $<$를 $=$로 바꾸면?

→ $8+\square\ \bigcirc\ 13$

풀이 과정

❶ $8+\square=13$일 때, □ 안에 알맞은 수는?

$8+\square=13$, $13-\square=\square$, $\square=\square$

❷ □ 안에 들어갈 수 있는 가장 큰 수는?

□ 안에 들어갈 수 있는 수는 □보다 작은 □, □, □, □

이므로 가장 큰 수는 □입니다.

답 ________

정답과 해설 20쪽

왼쪽 ❷번과 같이 문제에 색칠하고 밑줄을 그어 가며 문제를 풀어 보세요.

2-1 1부터 9까지의 수 중에서 / □ 안에 들어갈 수 있는 가장 작은 수를 구해 보세요.

14－□＜7

문제 돋보기

★ 구해야 할 것은?

→ ______

✔ 14－□＜7에서 ＜를 ＝로 바꾸면?

→ 14－□ ◯ 7

풀이 과정

❶ 14－□＝7일 때, □ 안에 알맞은 수는?

14－□＝7, 14－□＝□, □＝□

❷ □ 안에 들어갈 수 있는 가장 작은 수는?

□ 안에 들어갈 수 있는 수는 □보다 큰 □, □이므로

가장 작은 수는 □입니다.

답 ______

문제가 어려웠나요?
□ 어려워요!
□ 적당해요 ^_^
□ 쉬워요 >o<

◆ 덧셈과 뺄셈
◆ □ 안에 들어갈 수 있는 가장 큰(작은) 수 구하기

문제를 읽고 '연습하기'에서 했던 것처럼 밑줄을 그어 가며 문제를 풀어 보세요.

1 우물 안에 두꺼비가 2마리 있었습니다. 잠시 후 9마리가 우물 안으로 들어왔다가 다시 6마리가 우물 밖으로 나갔습니다. 지금 우물 안에 있는 두꺼비는 몇 마리인가요?

❶ 우물 안으로 들어온 후의 두꺼비의 수는?

❷ 지금 우물 안에 있는 두꺼비의 수는?

답 ______________

2 다람쥐가 밤을 13톨 가지고 있었습니다. 오늘 밤을 4톨 먹은 후에 7톨을 다시 주웠습니다. 지금 다람쥐가 가지고 있는 밤은 몇 톨인가요?

❶ 오늘 먹고 난 후 다람쥐가 가지고 있던 밤의 수는?

❷ 지금 다람쥐가 가지고 있는 밤의 수는?

답 ______________

정답과 해설 20쪽

3 1부터 9까지의 수 중에서 □ 안에 들어갈 수 있는 가장 큰 수를 구해 보세요.

$9+\square<15$

❶ $9+\square=15$일 때, □ 안에 알맞은 수는?

❷ □ 안에 들어갈 수 있는 가장 큰 수는?

답 ______________

4 1부터 9까지의 수 중에서 □ 안에 들어갈 수 있는 가장 작은 수를 구해 보세요.

$12-\square<8$

❶ $12-\square=8$일 때, □ 안에 알맞은 수는?

❷ □ 안에 들어갈 수 있는 가장 작은 수는?

답 ______________

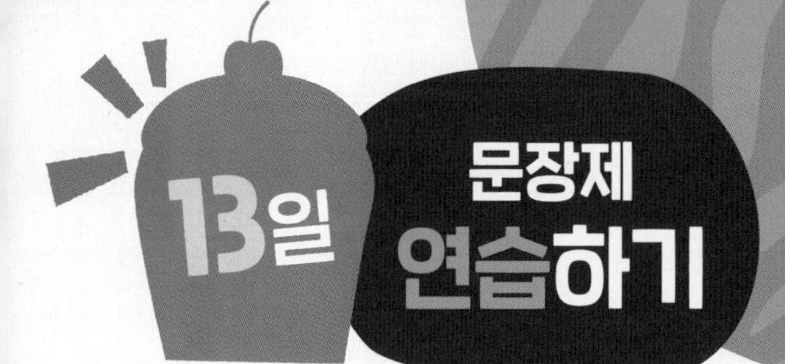

13일 문장제 연습하기 몇 개 더 많은지(적은지) 구하기

영우네 학교에 /
소나무는 9그루, 잣나무는 6그루 있고, /
벚나무는 소나무보다 2그루 더 많이 있습니다. /
벚나무는 잣나무보다 몇 그루 더 많은가요?

★ 구해야 할 것

문제 돋보기

✔ 소나무와 잣나무는 각각 몇 그루?

→ 소나무: □그루, 잣나무: □그루

✔ 벚나무는 몇 그루?

→ 소나무보다 □그루 더 많습니다.

★ 구해야 할 것은?

→ 벚나무의 수와 잣나무의 수의 차

풀이 과정

❶ 벚나무는 몇 그루?

□ ○ □ = □ (그루)

소나무의 수 / +, − 중 알맞은 것 쓰기

❷ 벚나무는 잣나무보다 몇 그루 더 많은지 구하면?

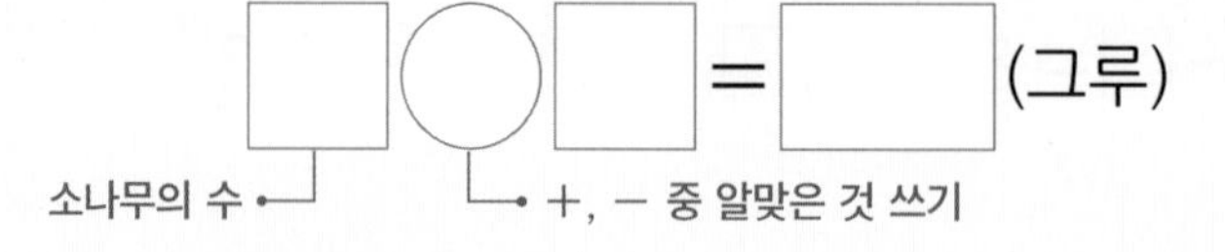

□ ○ □ = □ (그루)

벚나무의 수 / 잣나무의 수

답 ______

정답과 해설 21쪽

왼쪽 ❶번과 같이 문제에 색칠하고 밑줄을 그어 가며 문제를 풀어 보세요.

1-1 접시에 오징어 튀김은 5개, 고구마 튀김은 8개 있고, / 새우 튀김은 고구마 튀김보다 4개 더 많이 있습니다. / 새우 튀김은 오징어 튀김보다 몇 개 더 많은가요?

문제 돋보기

✔ 오징어 튀김과 고구마 튀김은 각각 몇 개?

→ 오징어 튀김: □개, 고구마 튀김: □개

✔ 새우 튀김은 몇 개?

→ 고구마 튀김보다 □개 더 많습니다.

★ 구해야 할 것은?

→ ______

풀이 과정

❶ 새우 튀김은 몇 개?

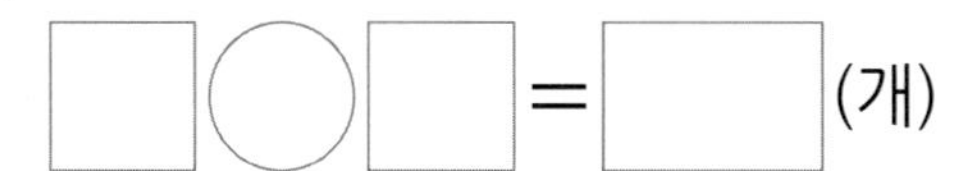

□ ○ □ = □(개)

❷ 새우 튀김은 오징어 튀김보다 몇 개 더 많은지 구하면?

□ ○ □ = □(개)

답

문제가 어려웠나요?
□ 어려워요!
□ 적당해요 ^-^
□ 쉬워요 >o<

조건에 알맞은 수 구하기

선호와 지유가 / 꺼낸 공에 적힌 두 수의 합이 크면 / 이기는 놀이를 하고 있습니다. / 지유가 이기려면 / 어떤 수가 적힌 공을 꺼내야 할까요?

★ 구해야 할 것

문제 돋보기

✔ 지유가 이기려면?

→ 선호가 꺼낸 공에 적힌 두 수의 합보다 (커야 , 작아야) 합니다.

✔ 선호가 꺼낸 공에 적힌 두 수는? → 5와 ☐

★ 구해야 할 것은?

→ 지유가 꺼내야 할 공에 적힌 수

풀이 과정

❶ 선호가 꺼낸 공에 적힌 두 수의 합은?

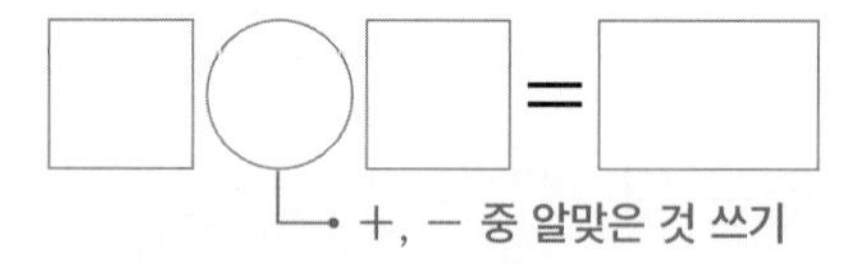

❷ 지유가 꺼내야 할 공에 적힌 수는?

남은 공에 적힌 수 중에서 큰 수부터 7과 더하면 7+9=☐, 7+6=☐, 7+4=☐ ……이고, 합이 ☐보다 커야 하므로 지유는 ☐이(가) 적힌 공을 꺼내야 합니다.

탑 ____________

정답과 해설 21쪽

왼쪽 ❷번과 같이 문제에 색칠하고 밑줄을 그어 가며 문제를 풀어 보세요.

2-1

준모와 하리가 / 꺼낸 공에 적힌 두 수의 합이 크면 / 이기는 놀이를 하고 있습니다. / 하리가 이기려면 / 어떤 수가 적힌 공을 꺼내야 할까요?

문제 돋보기

✔ 하리가 이기려면?

→ 준모가 꺼낸 공에 적힌 두 수의 합보다 (커야 , 작아야) 합니다.

✔ 준모가 꺼낸 공에 적힌 두 수는? → 9와 □

★ 구해야 할 것은?

→ ______________________

풀이 과정

❶ 준모가 꺼낸 공에 적힌 두 수의 합은?

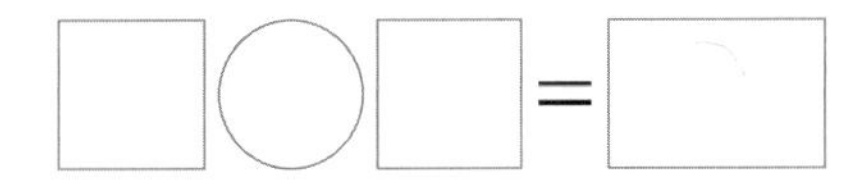

❷ 하리가 꺼내야 할 공에 적힌 수는?

남은 공에 적힌 수 중에서 큰 수부터 6과 더하면 6+8=□,

6+7=□, 6+5=□……이고, 합이 □보다

커야 하므로 하리는 □이(가) 적힌 공을 꺼내야 합니다.

답 ______________

문제가 어려웠나요?

□ 어려워요!

□ 적당해요 ^−^

□ 쉬워요 >o<

◆ 몇 개 더 많은지(적은지) 구하기
◆ 조건에 알맞은 수 구하기

문제를 읽고 '연습하기'에서 했던 것처럼 밑줄을 그어 가며 문제를 풀어 보세요.

1 아쟁은 7줄, 거문고는 6줄이고, 가야금은 아쟁보다 5줄 더 많습니다. 가야금은 거문고보다 몇 줄 더 많은가요?

❶ 가야금은 몇 줄?

❷ 가야금은 거문고보다 몇 줄 더 많은지 구하면?

답 ______________

2 턱걸이를 현정이는 13번, 아름이는 16번 했고, 선영이는 아름이보다 9번 더 적게 했습니다. 선영이는 현정이보다 턱걸이를 몇 번 더 적게 했나요?

❶ 선영이가 한 턱걸이는 몇 번?

❷ 선영이는 현정이보다 턱걸이를 몇 번 더 적게 했는지 구하면?

답 ______________

정답과 해설 22쪽

3 세진이와 아라가 꺼낸 공에 적힌 두 수의 합이 크면 이기는 놀이를 하고 있습니다. 세진이는 8과 6을 꺼냈고, 아라는 9를 꺼냈습니다. 아라가 이기려면 오른쪽의 남은 공 중에서 어떤 수가 적힌 공을 꺼내야 할까요?

❶ 세진이가 꺼낸 공에 적힌 두 수의 합은?

❷ 아라가 꺼내야 할 공에 적힌 수는?

답 ______________

4 재범이와 보민이가 카드에 적힌 두 수의 차가 큰 사람이 이기는 놀이를 하고 있습니다. 재범이는 [17]과 [9]를 골랐고, 보민이는 [11]을 골랐습니다. 보민이가 이기려면 다음 중 어떤 수가 적힌 카드를 골라야 할까요?

[6] [2] [3] [8] [7] [5]

❶ 재범이가 고른 카드에 적힌 두 수의 차는?

❷ 보민이가 골라야 할 카드에 적힌 수는?

답 ______________

14일 단원 마무리

84쪽 덧셈과 뺄셈

1 경록이는 딱지를 9장 가지고 있었습니다. 딱지치기를 하여 4장을 잃은 후 8장을 더 접었습니다. 지금 경록이가 가지고 있는 딱지는 몇 장인가요?

풀이

답 ______

84쪽 덧셈과 뺄셈

2 책꽂이에 책이 7권 꽂혀 있었습니다. 잠시 후 승주가 5권을 꽂았더니 언니가 4권을 가져갔습니다. 지금 책꽂이에 꽂혀 있는 책은 몇 권인가요?

풀이

답 ______

86쪽 □ 안에 들어갈 수 있는 가장 큰(작은) 수 구하기

3 1부터 9까지의 수 중에서 □ 안에 들어갈 수 있는 가장 큰 수를 구해 보세요.

$6+\square<13$

풀이

답 ______

정답과 해설 22쪽

84쪽 덧셈과 뺄셈

4 다솜이가 붕어빵을 15개 구웠습니다. 그중 6개를 먹고 다시 2개를 더 구웠습니다. 지금 다솜이에게 있는 붕어빵은 몇 개인가요?

풀이

답 ______________

86쪽 □ 안에 들어갈 수 있는 가장 큰(작은) 수 구하기

5 1부터 9까지의 수 중에서 □ 안에 들어갈 수 있는 가장 작은 수를 구해 보세요.

$11 - \square < 7$

풀이

답 ______________

90쪽 몇 개 더 많은지(적은지) 구하기

6 가게에 있는 딸기케이크는 6조각, 치즈케이크는 5조각이고, 초코케이크는 치즈케이크보다 9조각 더 많습니다. 초코케이크는 딸기케이크보다 몇 조각 더 많은가요?

풀이

답 ______________

90쪽 몇 개 더 많은지(적은지) 구하기

7 떡집에 꿀떡은 17팩, 인절미는 18팩 있고, 송편은 인절미보다 9팩 더 적게 있습니다. 송편은 꿀떡보다 몇 팩 더 적게 있나요?

풀이

답

92쪽 조건에 알맞은 수 구하기

8 예성이와 고은이가 꺼낸 공에 적힌 두 수의 합이 크면 이기는 놀이를 하고 있습니다. 고은이가 이기려면 어떤 수가 적힌 공을 꺼내야 할까요?

풀이

답

정답과 해설 23쪽

92쪽 조건에 알맞은 수 구하기

9 재명이와 연준이가 카드에 적힌 두 수의 차가 큰 사람이 이기는 놀이를 하고 있습니다. 재명이는 [16]과 [8]을 골랐고, 연준이는 [13]을 골랐습니다. 연준이가 이기려면 다음 중 어떤 수가 적힌 카드를 골라야 할까요?

[6] [7] [9] [5] [4]

풀이

답 ______________

90쪽 몇 개 더 많은지(적은지) 구하기

빈우, 태형, 서정이가 운동장을 달렸습니다. 빈우는 9바퀴 달렸고, 태형이는 빈우보다 6바퀴 더 많이 달렸습니다. 서정이는 태형이보다 7바퀴 더 적게 달렸을 때, 서정이는 빈우보다 몇 바퀴 더 적게 달렸나요?

❶ 태형이가 몇 바퀴 달렸는지 구하면?

❷ 서정이가 몇 바퀴 달렸는지 구하면?

❸ 서정이는 빈우보다 몇 바퀴 더 적게 달렸는지 구하면?

답 ______________

정답과 해설 39쪽에 붙이면 동물들이 식탁을 완성할 수 있어요!

5 규칙 찾기

· 규칙에 따라 알맞은 시각 구하기

· 펼친 손가락의 수 구하기

· 규칙에 따라
■번째에 놓이는 것 구하기

· 규칙이 다른 수 배열 찾기

17일

단원 마무리

문장제 준비하기

함께 이야기해요!

요리를 만들며 빈칸에 알맞은 수나 말을 써 보세요.

* RECIPE *

피자 만들기

준비물

밀가루, 달걀

피망, 감자, 햄

방울토마토, 치즈

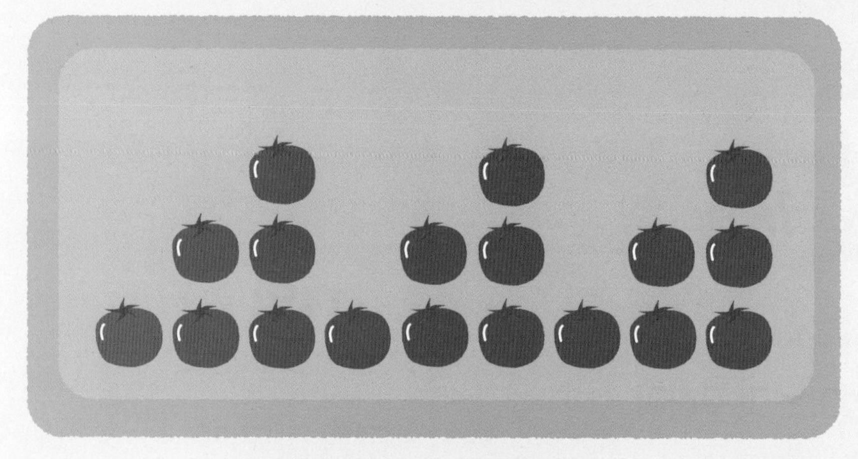

방울토마토를 놓은 규칙에 따라
빈칸에 알맞은 수를 써 볼까?

1	2	3	1	2				

정답과 해설 24쪽

토핑을 햄, 새우의 순서로 놓았으니까

빈 곳에는 [　　　] 을(를) 놓아야 해.

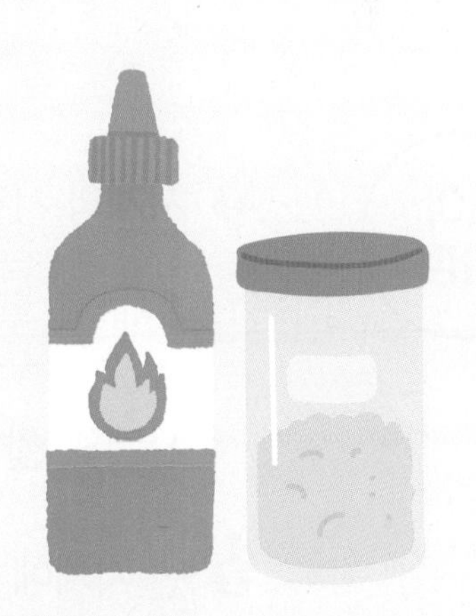

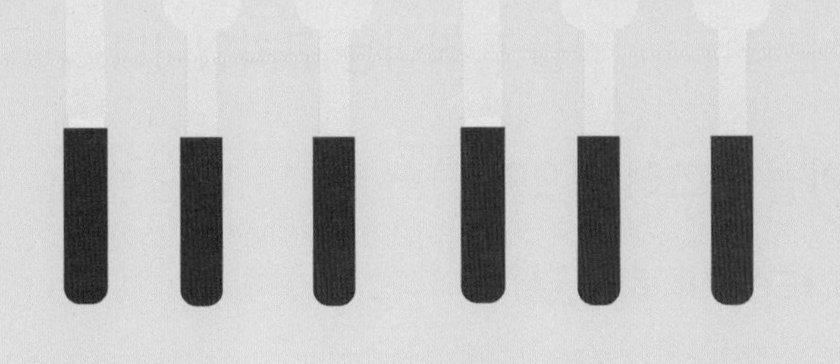

칼, 포크, [　　　] 의 순서로 놓여 있어.

15일 문장제 연습하기 규칙에 따라 알맞은 시각 구하기

규칙에 따라 / 빈 시계에 알맞게 시곗바늘을 그려 넣으세요.

★ 구해야 할 것

문제 돋보기

✔ 시곗바늘이 변하는 규칙은?

→ 짧은바늘의 위치는 (변하고 , 변하지 않고),
긴바늘의 위치는 (변합니다 , 변하지 않습니다).

★ 구해야 할 것은?

→ 빈 시계에 알맞게 시곗바늘 그리기

풀이 과정

❶ 시계의 시각이 변하는 규칙은?

1시 — ☐ 시 — ☐ 시 — ☐ 시이므로

시계의 짧은바늘이 큰 눈금 ☐ 칸을 움직이는 규칙입니다.

❷ 빈 시계에 알맞게 시곗바늘을 그려 넣으면?

빈 시계는 ☐ 시를 나타내야 하므로

짧은바늘이 ☐ , 긴바늘이 ☐ 을(를) 가리키도록 그립니다.

답

정답과 해설 24쪽

왼쪽 ❶번과 같이 문제에 색칠하고 밑줄을 그어 가며 문제를 풀어 보세요.

1-1 규칙에 따라 / 빈 시계에 알맞게 시곗바늘을 그려 넣으세요.

문제 돋보기

✔ 시곗바늘이 변하는 규칙은?

→ 짧은바늘의 위치는 (변하고 , 변하지 않고),
긴바늘의 위치는 (변합니다 , 변하지 않습니다).

★ 구해야 할 것은?

→ ______________________

풀이 과정

❶ 시계의 시각이 변하는 규칙은?

4시 30분 − □시 □분 − □시 □분

− □시 □분이므로 시계의 짧은바늘이 큰 눈금 □칸을

움직이는 규칙입니다.

❷ 빈 시계에 알맞게 시곗바늘을 그려 넣으면?

빈 시계는 □시 □분을 나타내야 하므로 짧은바늘이

□와(과) □ 사이, 긴바늘이 □을(를) 가리키도록 그립니다.

답 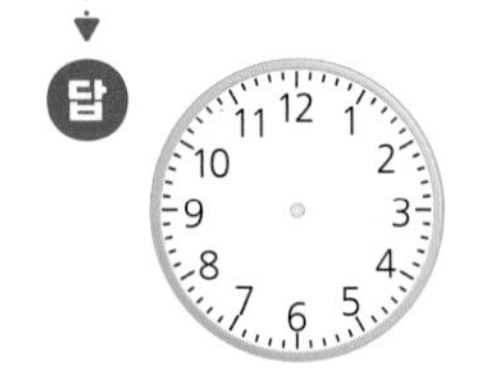

문제가 어려웠나요?

□ 어려워요!

□ 적당해요 ^-^

□ 쉬워요 >o<

펼친 손가락의 수 구하기

규칙에 따라 / 빈칸에 들어갈 펼친 손가락은 모두 몇 개인가요?

★ 구해야 할 것

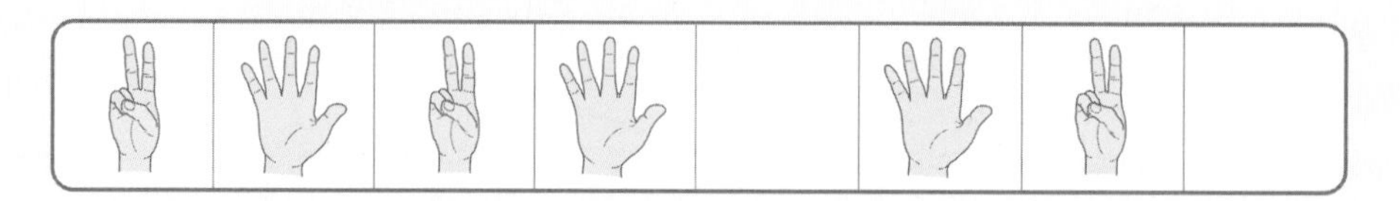

문제 돋보기

✔ 그림을 늘어놓은 순서는?

→ 다음에 놓인 그림은 (, 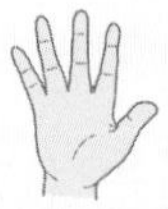)입니다.

★ 구해야 할 것은?

→ 빈칸에 들어갈 펼친 손가락의 수의 합

풀이 과정

❶ 펼친 손가락의 수가 반복되는 규칙은?

펼친 손가락이 □개－□개가 반복되는 규칙입니다.

❷ 빈칸에 들어갈 펼친 손가락은 차례대로 몇 개?

빈칸에 들어갈 펼친 손가락은 차례대로 □개, □개입니다.

❸ 빈칸에 들어갈 펼친 손가락은 모두 몇 개?

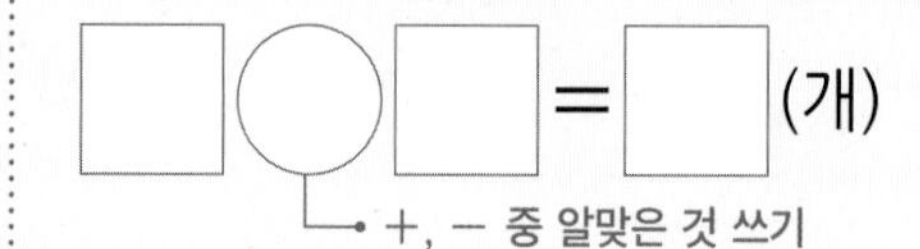

답 ______

정답과 해설 25쪽

왼쪽 ❷번과 같이 문제에 색칠하고 밑줄을 그어 가며 문제를 풀어 보세요.

2-1 규칙에 따라 / 빈칸에 들어갈 펼친 손가락은 모두 몇 개인가요?

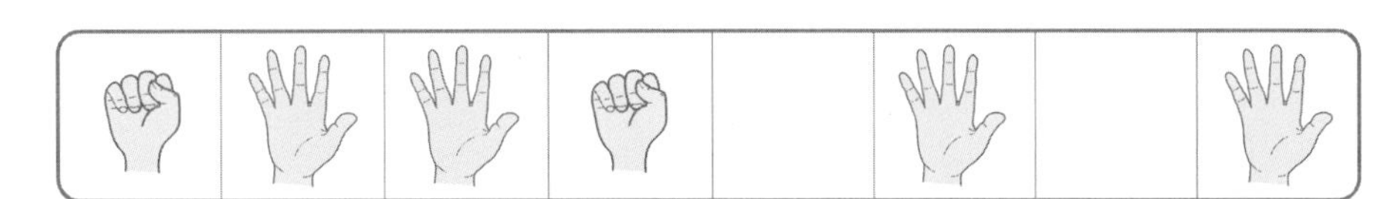

문제 돋보기

✔ 그림을 늘어놓은 순서는?

→ (주먹) 다음에 (손바닥)를 □개 놓았습니다.

★ 구해야 할 것은?

→ ____________________

풀이 과정

❶ 펼친 손가락의 수가 반복되는 규칙은?

펼친 손가락이 □개 – □개 – □개가 반복되는 규칙입니다.

❷ 빈칸에 들어갈 펼친 손가락은 차례대로 몇 개?

빈칸에 들어갈 펼친 손가락은 차례대로 □개, □개입니다.

❸ 빈칸에 들어갈 펼친 손가락은 모두 몇 개?

□○□=□(개)

문제가 어려웠나요?
□ 어려워요!
□ 적당해요 ^_^
□ 쉬워요 >o<

답

◆ 규칙에 따라 알맞은 시각 구하기
◆ 펼친 손가락의 수 구하기

문제를 읽고 '연습하기'에서 했던 것처럼 밑줄을 그어 가며 문제를 풀어 보세요.

1 규칙에 따라 빈 시계에 알맞게 시곗바늘을 그려 넣으세요.

❶ 시계의 시각이 변하는 규칙은?

❷ 빈 시계에 알맞게 시곗바늘을 그려 넣으면?

답

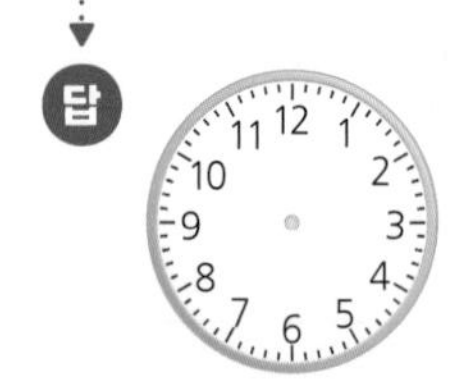

2 규칙에 따라 빈 시계에 알맞게 시곗바늘을 그려 넣으세요.

❶ 시계의 시각이 변하는 규칙은?

❷ 빈 시계에 알맞게 시곗바늘을 그려 넣으면?

답

정답과 해설 25쪽

3 규칙에 따라 빈칸에 들어갈 펼친 손가락은 모두 몇 개인가요?

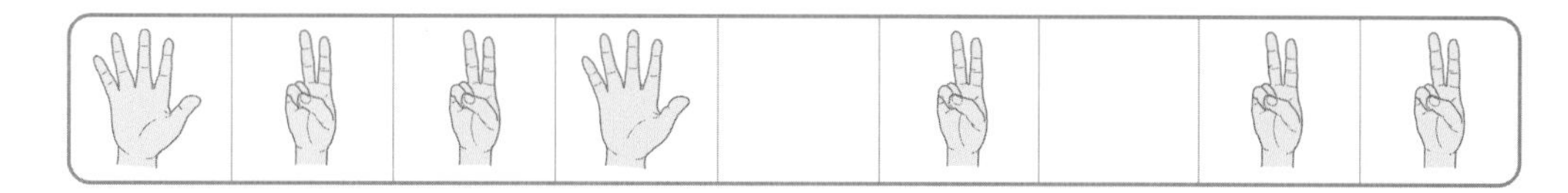

❶ 펼친 손가락의 수가 반복되는 규칙은?

❷ 빈칸에 들어갈 펼친 손가락은 차례대로 몇 개?

❸ 빈칸에 들어갈 펼친 손가락은 모두 몇 개?

답 ______________

4 규칙에 따라 빈칸에 들어갈 펼친 손가락은 모두 몇 개인가요?

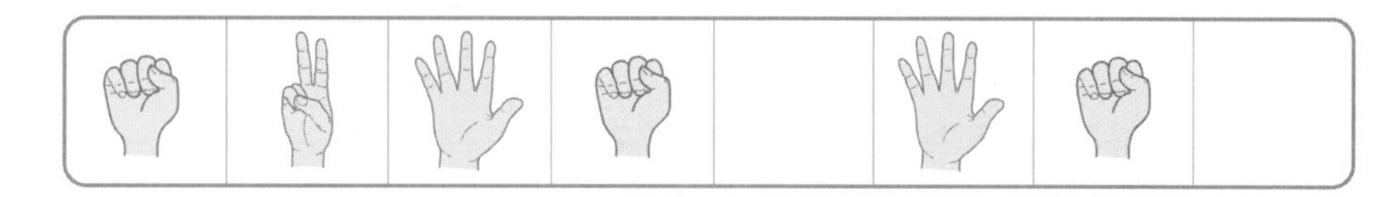

❶ 펼친 손가락이 반복되는 규칙은?

❷ 빈칸에 들어갈 펼친 손가락은 차례대로 몇 개?

❸ 빈칸에 들어갈 펼친 손가락은 모두 몇 개?

답 ______________

규칙에 따라 ■번째에 놓이는 것 구하기

규칙에 따라 / 흰색 바둑돌과 검은색 바둑돌을 늘어놓았습니다. /
12번째에 놓이는 바둑돌은 무슨 색인가요?

★ 구해야 할 것

문제 돋보기

✔ 바둑돌을 늘어놓은 순서는?

→ 흰색 바둑돌 다음에 [ ] 바둑돌을 [ ]개 놓았습니다.

★ 구해야 할 것은?

→ 12번째에 놓이는 바둑돌의 색깔

풀이 과정

❶ 바둑돌을 늘어놓은 규칙은?

흰색 — [ ] — [ ]이 반복되는 규칙입니다.

❷ 12번째에 놓이는 바둑돌의 색깔은?

[ ]개의 바둑돌이 반복되는 규칙이므로 12번째에 놓이는 바둑돌은

반복되는 바둑돌 중 [ ]번째와 같은 색인 [ ]입니다.

답 ____________

정답과 해설 26쪽

왼쪽 ❶번과 같이 문제에 색칠하고 밑줄을 그어 가며 문제를 풀어 보세요.

1-1 규칙에 따라 / 흰색 바둑돌과 검은색 바둑돌을 늘어놓았습니다./ 14번째에 놓이는 바둑돌은 무슨 색인가요?

○ ○ ● ○ ○ ● ○ ○ ● …

문제 돋보기

✔ 바둑돌을 늘어놓은 순서는?

→ 흰색 바둑돌 ☐개 다음에 ☐ 바둑돌 1개를 놓았습니다.

★ 구해야 할 것은?

→ ______________________

풀이 과정

❶ 바둑돌을 늘어놓은 규칙은?

흰색 — ☐ — ☐이 반복되는 규칙입니다.

❷ 14번째에 놓이는 바둑돌의 색깔은?

☐개의 바둑돌이 반복되는 규칙이므로 14번째에 놓이는 바둑돌은 반복되는 바둑돌 중 ☐번째와 같은 색인 ☐입니다.

답 ______________________

문제가 어려웠나요?

☐ 어려워요!

☐ 적당해요 ^_^

☐ 쉬워요 >o<

규칙이 다른 수 배열 찾기

규칙에 따라 수를 배열하였습니다. /
규칙이 다른 하나를 찾아 기호를 써 보세요.

★ 구해야 할 것

㉠ 10 — 17 — 24 — 31 — 38
㉡ 22 — 29 — 36 — 43 — 50
㉢ 33 — 41 — 49 — 57 — 65

문제 돋보기

✔ 수를 배열한 규칙은?

→ ㉠, ㉡, ㉢은 모두 수가 일정하게 (커집니다 , 작아집니다).

★ 구해야 할 것은?

→ 규칙이 다른 하나

풀이 과정

❶ ㉠, ㉡, ㉢의 규칙을 각각 찾으면?

㉠은 10부터 시작하여 □ 씩 커지는 규칙,

㉡은 22부터 시작하여 □ 씩 커지는 규칙,

㉢은 33부터 시작하여 □ 씩 커지는 규칙입니다.

❷ 규칙이 다른 하나를 찾아 기호를 쓰면?

규칙이 다른 하나는 □ 입니다.

답 ____________

정답과 해설 26쪽

왼쪽 ❷번과 같이 문제에 색칠하고 밑줄을 그어 가며 문제를 풀어 보세요.

2-1 규칙에 따라 수를 배열하였습니다. / 규칙이 다른 하나를 찾아 기호를 써 보세요.

㉠ 51 — 45 — 39 — 33 — 27
㉡ 72 — 67 — 62 — 57 — 52
㉢ 44 — 38 — 32 — 26 — 20

문제 돋보기

✔ 수를 배열한 규칙은?

→ ㉠, ㉡, ㉢은 모두 수가 일정하게 (커집니다 , 작아집니다).

★ 구해야 할 것은?

→ ______________________

풀이 과정

❶ ㉠, ㉡, ㉢의 규칙을 각각 찾으면?

㉠은 51부터 시작하여 ☐씩 작아지는 규칙,

㉡은 72부터 시작하여 ☐씩 작아지는 규칙,

㉢은 44부터 시작하여 ☐씩 작아지는 규칙입니다.

❷ 규칙이 다른 하나를 찾아 기호를 쓰면?

규칙이 다른 하나는 ☐입니다.

답 ______________

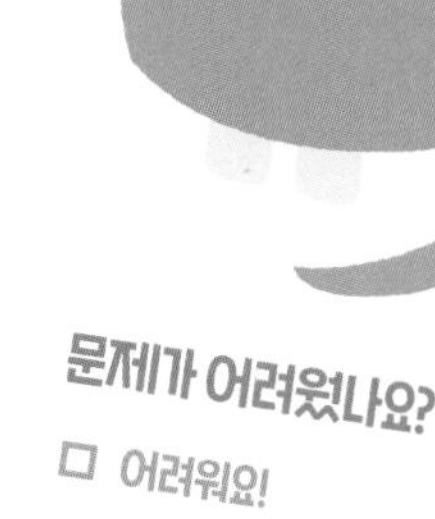

문제가 어려웠나요?
☐ 어려워요!
☐ 적당해요 ^_^
☐ 쉬워요 >o<

◆ 규칙에 따라 ■번째에 놓이는 것 구하기
◆ 규칙이 다른 수 배열 찾기

문제를 읽고 '연습하기'에서 했던 것처럼 밑줄을 그어 가며 문제를 풀어 보세요.

1 규칙에 따라 흰색 바둑돌과 검은색 바둑돌을 늘어놓았습니다. 16번째에 놓이는 바둑돌은 무슨 색인가요?

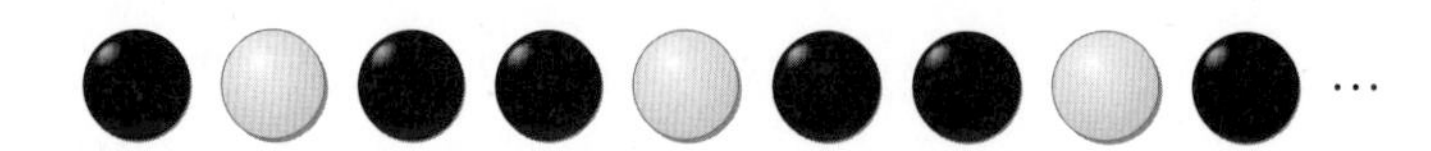

❶ 바둑돌을 늘어놓은 규칙은?

❷ 16번째에 놓이는 바둑돌의 색깔은?

답 ______________

2 규칙에 따라 흰색 바둑돌과 검은색 바둑돌을 늘어놓았습니다. 22번째에 놓이는 바둑돌은 무슨 색인가요?

❶ 바둑돌을 늘어놓은 규칙은?

❷ 22번째에 놓이는 바둑돌의 색깔은?

답 ______________

정답과 해설 27쪽

3 규칙에 따라 수를 배열하였습니다. 규칙이 다른 하나를 찾아 기호를 써 보세요.

㉠ 24 — 32 — 40 — 48 — 56
㉡ 37 — 46 — 55 — 64 — 73
㉢ 42 — 50 — 58 — 66 — 74

❶ ㉠, ㉡, ㉢의 규칙을 각각 찾으면?

❷ 규칙이 다른 하나를 찾아 기호를 쓰면?

답 ____________

4 규칙에 따라 수를 배열하였습니다. 규칙이 다른 하나를 찾아 기호를 써 보세요.

㉠ 80 — 76 — 72 — 68 — 64
㉡ 61 — 56 — 51 — 46 — 41
㉢ 93 — 89 — 85 — 81 — 77

❶ ㉠, ㉡, ㉢의 규칙을 각각 찾으면?

❷ 규칙이 다른 하나를 찾아 기호를 쓰면?

답 ____________

17일 단원 마무리

104쪽 규칙에 따라 알맞은 시각 구하기

1 규칙에 따라 빈 시계에 알맞게 시곗바늘을 그려 넣으세요.

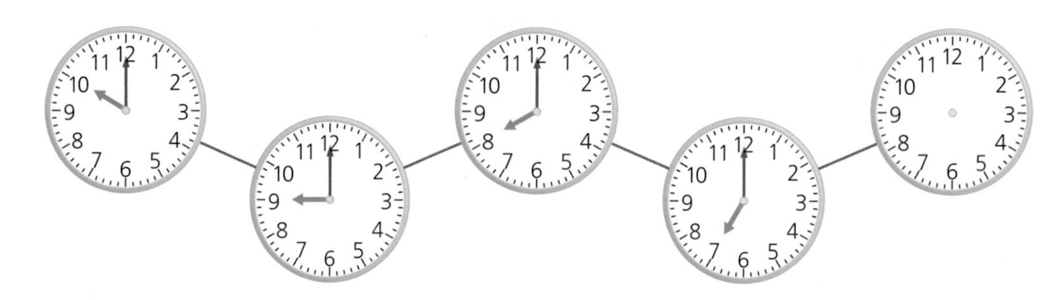

풀이

답 

104쪽 규칙에 따라 알맞은 시각 구하기

2 규칙에 따라 빈 시계에 알맞게 시곗바늘을 그려 넣으세요.

풀이

답 

106쪽 펼친 손가락의 수 구하기

3 규칙에 따라 빈칸에 들어갈 펼친 손가락은 모두 몇 개인가요?

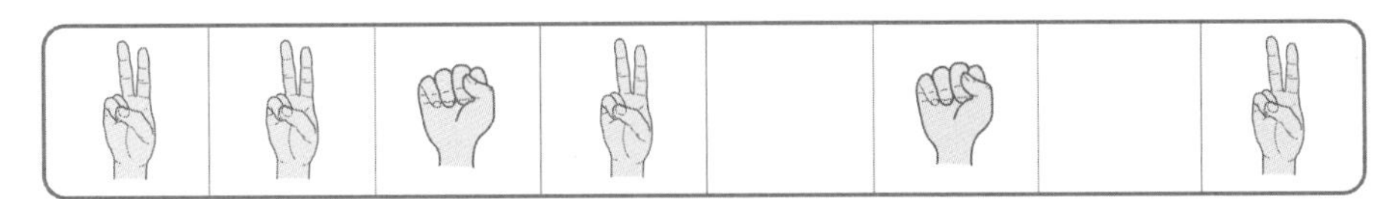

풀이

답 ____________

110쪽 규칙에 따라 ■번째에 놓이는 것 구하기

4 규칙에 따라 흰색 바둑돌과 검은색 바둑돌을 늘어놓았습니다. 17번째에 놓이는 바둑돌은 무슨 색인가요?

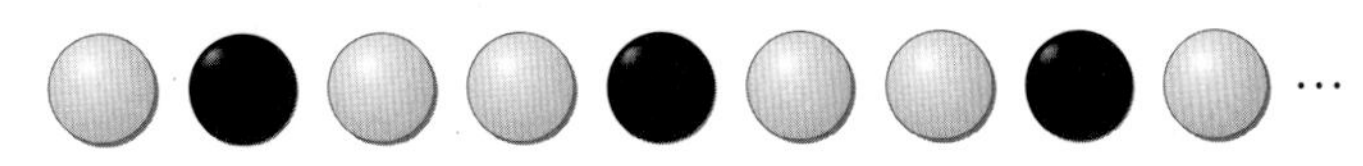

풀이

답 ____________

106쪽 펼친 손가락의 수 구하기

5 규칙에 따라 빈칸에 들어갈 펼친 손가락은 모두 몇 개인가요?

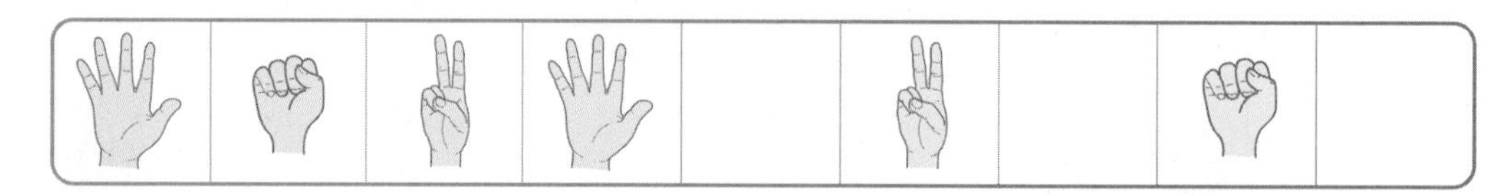

풀이

답 ______________

112쪽 규칙이 다른 수 배열 찾기

6 규칙에 따라 수를 배열하였습니다. 규칙이 다른 하나를 찾아 기호를 써 보세요.

㉠ 65 — 57 — 49 — 41 — 33
㉡ 72 — 64 — 56 — 48 — 40
㉢ 87 — 80 — 73 — 66 — 59

풀이

답 ______________

정답과 해설 28쪽

110쪽 규칙에 따라 ■번째에 놓이는 것 구하기

7 규칙에 따라 흰색 바둑돌과 검은색 바둑돌을 늘어놓았습니다. 23번째에 놓이는 바둑돌은 무슨 색인가요?

풀이

답 ____________

112쪽 규칙이 다른 수 배열 찾기

규칙에 따라 수를 배열하였습니다. 규칙이 다른 하나를 찾아 같은 규칙으로 15부터 수를 배열해 보세요.

㉠ 29 — 34 — 39 — 44 — 49
㉡ 48 — 54 — 60 — 66 — 72
㉢ 52 — 58 — 64 — 70 — 76

15 — ☐ — ☐ — ☐ — ☐

❶ ㉠, ㉡, ㉢의 규칙을 각각 찾으면?

❷ 규칙이 다른 하나를 찾아 기호를 쓰면?

❸ 위 ❷의 규칙에 따라 수를 배열하면?

답 ____________

6 덧셈과 뺄셈(3)

내가 입은 바지를
색칠하여 꾸며 봐!

· 모두 얼마인지 구하기

· 수 카드로 만든 몇십몇의 합(차) 구하기

19일

· 계산 결과의 크기 비교하기

· 처음의 수 구하기

20일

단원 마무리

문장제 준비하기

함께 이야기해요!

요리를 만들며 빈칸에 알맞은 수나 기호를 써 보세요.

* RECIPE *

쿠키 만들기

준비물

버터, 밀가루, 우유

초콜릿 5개

달걀 8개

MILK

레몬은 5개, 달걀은 16개 있으니까 레몬은 달걀보다

☐ − ☐ = ☐ (개) 더 적어.

정답과 해설 29쪽

초콜릿 25개 중에서 쿠키를 만드는 데 13개를 사용했더니

25 ◯ ☐ = ☐ (개) 남았어.

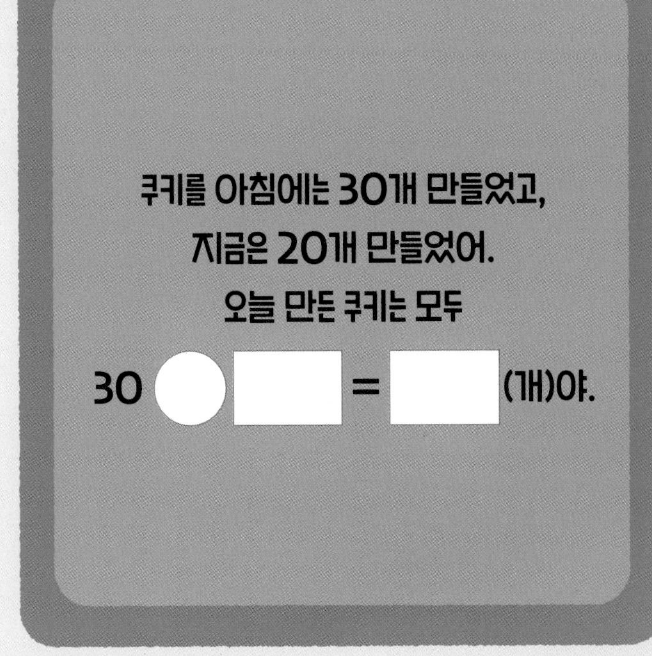

쿠키를 아침에는 30개 만들었고,
지금은 20개 만들었어.
오늘 만든 쿠키는 모두

30 ◯ ☐ = ☐ (개)야.

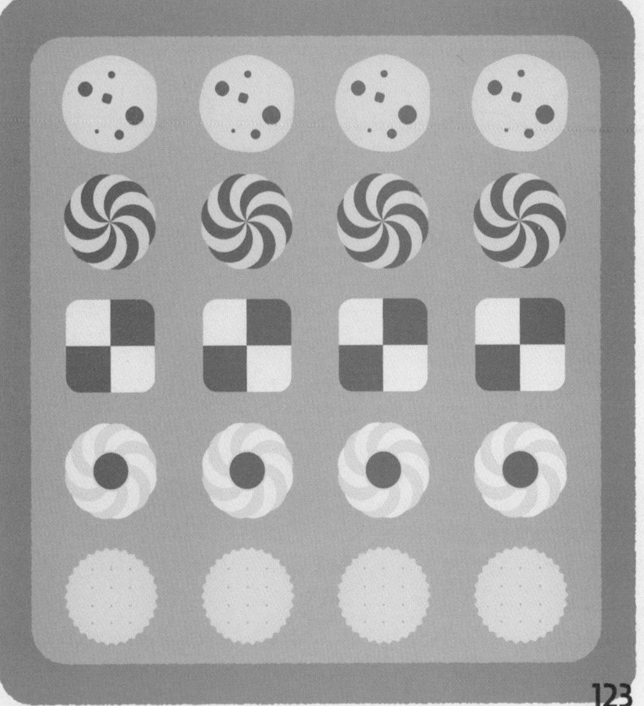

18일 문장제 연습하기 모두 얼마인지 구하기

1

공원에 참새는 12마리 있고, /
비둘기는 참새보다 4마리 더 많이
있습니다. /
공원에 있는 참새와 비둘기는 모두 몇 마리
인가요?
★ 구해야 할 것

문제 돋보기

✔ 공원에 있는 참새의 수는?

→ ☐ 마리

✔ 공원에 있는 비둘기의 수는?

→ 참새보다 ☐ 마리 더 많습니다.

★ 구해야 할 것은?

→ 공원에 있는 참새의 수와 비둘기의 수의 합

풀이 과정

❶ 공원에 있는 비둘기의 수는?

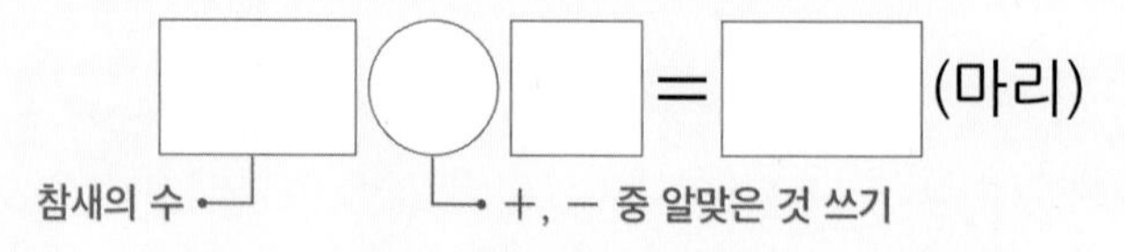

❷ 공원에 있는 참새와 비둘기는 모두 몇 마리?

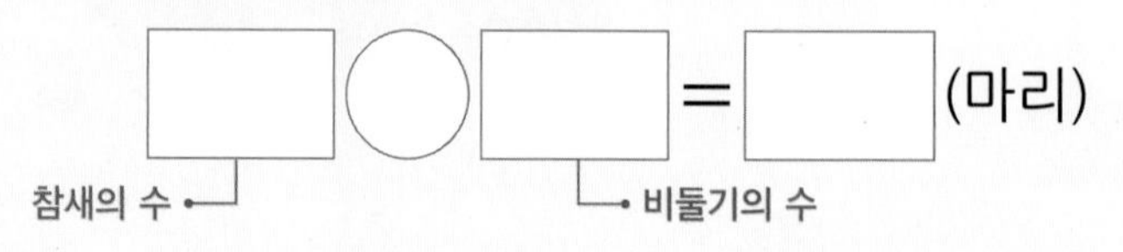

답 ________________

정답과 해설 29쪽

왼쪽 ❶번과 같이 문제에 색칠하고 밑줄을 그어 가며 문제를 풀어 보세요.

1-1 운동장에 남학생은 45명 있고, / 여학생은 남학생보다 3명 더 적게 있습니다. / 운동장에 있는 남학생과 여학생은 모두 몇 명인가요?

문제 돋보기

✔ 운동장에 있는 남학생 수는?

→ □명

✔ 운동장에 있는 여학생 수는?

→ 남학생보다 □명 더 적습니다.

★ 구해야 할 것은?

→ ______________________

풀이 과정

❶ 운동장에 있는 여학생 수는?

□ ○ □ = □(명)

❷ 운동장에 있는 남학생과 여학생은 모두 몇 명?

□ ○ □ = □(명)

답 ______________

문제가 어려웠나요?
□ 어려워요!
□ 적당해요 ^-^
□ 쉬워요 >o<

수 카드로 만든 몇십몇의 합(차) 구하기

2 수 카드 4장 중에서 2장을 뽑아 / 한 번씩만 사용하여 몇십몇을 만들려고 합니다. / 만들 수 있는 몇십몇 중에서 / 가장 큰 수와 가장 작은 수의 합을 구해 보세요.

1 3 7 5

★ 구해야 할 것

문제 돋보기

★ 구해야 할 것은?

→ 만들 수 있는 몇십몇 중에서 가장 큰 수와 가장 작은 수의 합

✔ 가장 큰 몇십몇을 만들려면?

→ 10개씩 묶음의 수에 (가장 큰 수 , 두 번째로 큰 수)를 놓고,
낱개의 수에 (가장 큰 수 , 두 번째로 큰 수)를 놓습니다.

✔ 가장 작은 몇십몇을 만들려면?

→ 10개씩 묶음의 수에 (가장 작은 수 , 두 번째로 작은 수)를 놓고,
낱개의 수에 (가장 작은 수 , 두 번째로 작은 수)를 놓습니다.

풀이 과정

❶ 만들 수 있는 몇십몇 중에서 가장 큰 수와 가장 작은 수는?

수 카드의 수의 크기를 비교하면 ☐ > ☐ > ☐ > ☐ 이므로

만들 수 있는 몇십몇 중에서 가장 큰 수는 ☐,

가장 작은 수는 ☐ 입니다.

❷ 만들 수 있는 몇십몇 중에서 가장 큰 수와 가장 작은 수의 합은?

☐ ○ ☐ = ☐

가장 큰 수 / 가장 작은 수 / +, − 중 알맞은 것 쓰기

답 ________

정답과 해설 30쪽

왼쪽 ❷번과 같이 문제에 색칠하고 밑줄을 그어 가며 문제를 풀어 보세요.

2-1

4장의 수 카드 2, 6, 4, 1 중에서 2장을 뽑아 / 한 번씩만 사용하여 몇십몇을 만들려고 합니다. / 만들 수 있는 몇십몇 중에서 / 가장 큰 수와 가장 작은 수의 차를 구해 보세요.

문제 돋보기

★ 구해야 할 것은?

→ ______________________

✔ 가장 큰 몇십몇을 만들려면?

→ 10개씩 묶음의 수에 (가장 큰 수 , 두 번째로 큰 수)를 놓고,
낱개의 수에 (가장 큰 수 , 두 번째로 큰 수)를 놓습니다.

✔ 가장 작은 몇십몇을 만들려면?

→ 10개씩 묶음의 수에 (가장 작은 수 , 두 번째로 작은 수)를 놓고,
낱개의 수에 (가장 작은 수 , 두 번째로 작은 수)를 놓습니다.

풀이 과정

❶ 만들 수 있는 몇십몇 중에서 가장 큰 수와 가장 작은 수는?

수 카드의 수의 크기를 비교하면 ☐ > ☐ > ☐ > ☐ 이므로

만들 수 있는 몇십몇 중에서 가장 큰 수는 ☐,

가장 작은 수는 ☐ 입니다.

❷ 만들 수 있는 몇십몇 중에서 가장 큰 수와 가장 작은 수의 차는?

☐ ◯ ☐ = ☐

답 ______________________

문제가 어려웠나요?
☐ 어려워요!
☐ 적당해요 ^_^
☐ 쉬워요 >o<

문장제 실력쌓기

◆ 모두 얼마인지 구하기
◆ 수 카드로 만든 몇십몇의 합(차) 구하기

문제를 읽고 '연습하기'에서 했던 것처럼 밑줄을 그어 가며 문제를 풀어 보세요.

1 정현이는 식물 우표를 30장 모았고, 동물 우표는 식물 우표보다 6장 더 많이 모았습니다. 정현이가 모은 식물 우표와 동물 우표는 모두 몇 장인가요?

❶ 정현이가 모은 동물 우표의 수는?

❷ 정현이가 모은 식물 우표와 동물 우표는 모두 몇 장?

답 ____________________

2 연서의 이모는 23살이고, 삼촌은 이모보다 2살 더 적습니다. 연서의 이모와 삼촌의 나이의 합은 몇 살인가요?

❶ 연서의 삼촌의 나이는?

❷ 연서의 이모와 삼촌의 나이의 합은 몇 살?

답 ____________________

정답과 해설 30쪽

3 4장의 수 카드 5, 1, 8, 4 중에서 2장을 뽑아 한 번씩만 사용하여 몇십몇을 만들려고 합니다. 만들 수 있는 몇십몇 중에서 가장 큰 수와 가장 작은 수의 합을 구해 보세요.

❶ 만들 수 있는 몇십몇 중에서 가장 큰 수와 가장 작은 수는?

❷ 만들 수 있는 몇십몇 중에서 가장 큰 수와 가장 작은 수의 합은?

답 ______________

4 4장의 수 카드 6, 2, 7, 9 중에서 2장을 뽑아 한 번씩만 사용하여 몇십몇을 만들려고 합니다. 만들 수 있는 몇십몇 중에서 가장 큰 수와 두 번째로 큰 수의 차를 구해 보세요.

❶ 만들 수 있는 몇십몇 중에서 가장 큰 수와 두 번째로 큰 수는?

❷ 만들 수 있는 몇십몇 중에서 가장 큰 수와 두 번째로 큰 수의 차는?

답 ______________

계산 결과의 크기 비교하기

승조와 지우가 아침과 저녁에 읽은 책의 쪽수입니다. / 책을 더 많이 읽은 사람은 누구인가요?

★ 구해야 할 것

승조		지우	
아침	저녁	아침	저녁
30쪽	40쪽	50쪽	10쪽

문제 돋보기

✔ 승조가 읽은 책의 쪽수는? → 아침에 ☐쪽, 저녁에 ☐쪽

✔ 지우가 읽은 책의 쪽수는? → 아침에 ☐쪽, 저녁에 ☐쪽

★ 구해야 할 것은?

→ 책을 더 많이 읽은 사람

풀이 과정

❶ 승조가 읽은 책의 쪽수는?

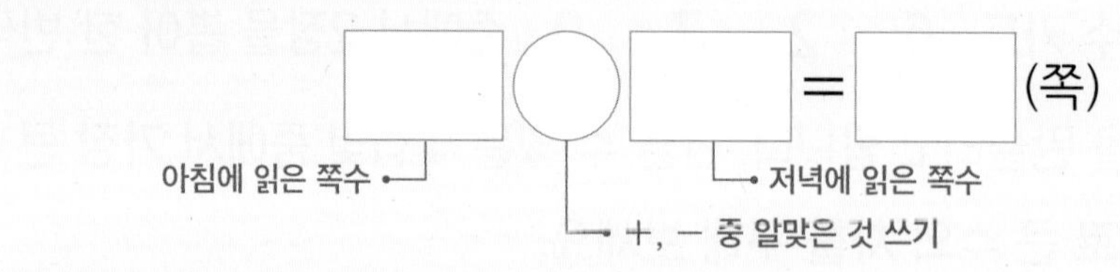

❷ 지우가 읽은 책의 쪽수는?

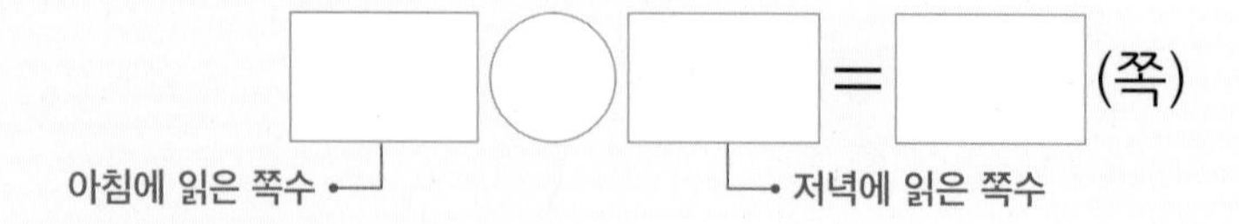

❸ 책을 더 많이 읽은 사람은?

☐ > ☐ 이므로 책을 더 많이 읽은 사람은 ☐ 입니다.

답 ____________

정답과 해설 31쪽

왼쪽 ❶번과 같이 문제에 색칠하고 밑줄을 그어 가며 문제를 풀어 보세요.

1-1

영미는 밭에서 딴 토마토를 봉지에 24개, 상자에 35개 담았고, 효재는 봉지에 17개, 상자에 41개 담았습니다. / 토마토를 더 많이 담은 사람은 누구인가요?

문제 돋보기

✔ 영미가 담은 토마토의 수는?

→ 봉지에 ☐개, 상자에 ☐개

✔ 효재가 담은 토마토의 수는?

→ 봉지에 ☐개, 상자에 ☐개

★ 구해야 할 것은?

→ ____________________

풀이 과정

❶ 영미가 담은 토마토의 수는?

☐ ○ ☐ = ☐(개)

❷ 효재가 담은 토마토의 수는?

☐ ○ ☐ = ☐(개)

❸ 토마토를 더 많이 담은 사람은?

☐ > ☐ 이므로 토마토를 더 많이 담은 사람은 ☐입니다.

답 ____________

문제가 어려웠나요?

☐ 어려워요!

☐ 적당해요 ^_^

☐ 쉬워요 >o<

처음의 수 구하기

윤수는 종이배를 접었습니다. /
그중에서 13개를 물에 띄워 보냈더니 /
25개가 남았습니다. /
처음에 접은 종이배는 몇 개인가요?

★ 구해야 할 것

문제 돋보기

✔ 물에 띄워 보낸 종이배의 수는? → ☐개

✔ 남은 종이배의 수는? → ☐개

★ 구해야 할 것은?

→ 처음에 접은 종이배의 수

풀이 과정

❶ 주어진 조건을 그림으로 나타내면?

처음에 접은 종이배의 수

물에 띄워 보낸 종이배의 수 ☐개 남은 종이배의 수 ☐개

❷ 처음에 접은 종이배의 수는?

☐ ○ ☐ = ☐ (개)

물에 띄워 보낸 종이배의 수 / +, − 중 알맞은 것 쓰기 / 남은 종이배의 수

답 ____________

정답과 해설 31쪽

왼쪽 ❷번과 같이 문제에 색칠하고 밑줄을 그어 가며 문제를 풀어 보세요.

2-1

화단에 나비가 있었습니다. / 그중에서 27마리가 날아갔더니 / 32마리가 남았습니다. / 처음 화단에 있던 나비는 몇 마리인가요?

문제 돋보기

✔ 날아간 나비의 수는?

→ ☐마리

✔ 남은 나비의 수는?

→ ☐마리

★ 구해야 할 것은?

→ ______________________

풀이 과정

❶ 주어진 조건을 그림으로 나타내면?

처음 화단에 있던 나비의 수

날아간 나비의 수 ☐마리

남은 나비의 수 ☐마리

❷ 처음 화단에 있던 나비의 수는?

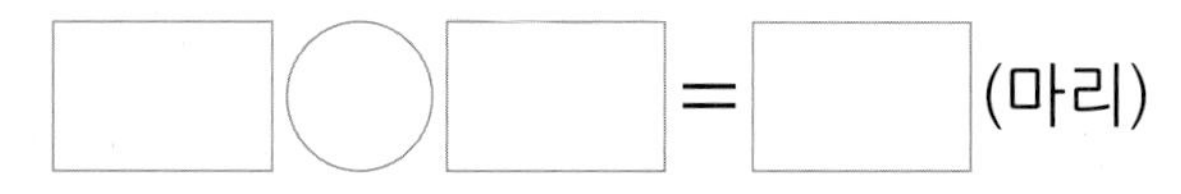

답 ______________

문제가 어려웠나요?
☐ 어려워요!
☐ 적당해요 ^-^
☐ 쉬워요 >o<

◆ 계산 결과의 크기 비교하기
◆ 처음의 수 구하기

문제를 읽고 '연습하기'에서 했던 것처럼 밑줄을 그어 가며 문제를 풀어 보세요.

1 김밥 가게에서 치즈김밥과 참치김밥을 주문한 사람 수입니다. 어느 김밥을 주문한 사람이 더 많은가요?

치즈김밥		참치김밥	
남자	여자	남자	여자
20명	70명	30명	50명

❶ 치즈김밥을 주문한 사람 수는?

❷ 참치김밥을 주문한 사람 수는?

❸ 주문한 사람이 더 많은 김밥은?

답 ______________

2 과수원에서 포도를 수확했습니다. 그중에서 16송이를 먹었더니 33송이가 남았습니다. 처음에 수확한 포도는 몇 송이인가요?

❶ 주어진 조건을 그림으로 나타내면?

❷ 처음에 수확한 포도의 수는?

답 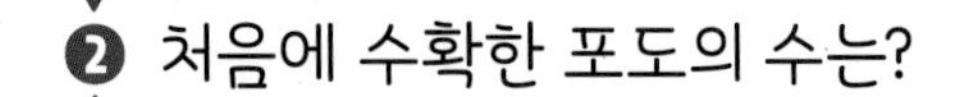

정답과 해설 32쪽

3 비 오는 날에 알뜰 가게는 긴 우산 61개와 짧은 우산 18개를 팔았고, 튼튼 가게는 긴 우산 43개와 짧은 우산 25개를 팔았습니다. 어느 가게가 우산을 몇 개 더 많이 팔았나요?

❶ 알뜰 가게에서 판 우산의 수는?

❷ 튼튼 가게에서 판 우산의 수는?

❸ 어느 가게가 우산을 몇 개 더 많이 팔았는지 구하면?

답 ______________ , ______________

4 문구점에 있는 연필 54자루와 볼펜 몇 자루를 합하면 모두 97자루입니다. 문구점에 있는 볼펜은 몇 자루인가요?

❶ 주어진 조건을 그림으로 나타내면?

❷ 문구점에 있는 볼펜의 수는?

답 ______________

20일 단원 마무리

124쪽 모두 얼마인지 구하기

1 과일 가게에 사과는 20상자 있고, 배는 사과보다 7상자 더 많이 있습니다. 과일 가게에 있는 사과와 배는 모두 몇 상자인가요?

풀이

탑 ____________________

124쪽 모두 얼마인지 구하기

2 지현이의 옷장에는 윗옷이 36벌 있고, 아래옷은 윗옷보다 5벌 더 적게 있습니다. 지현이의 옷장에 있는 옷은 모두 몇 벌인가요?

풀이

탑 ____________________

126쪽 수 카드로 만든 몇십몇의 합(차) 구하기

3 4장의 수 카드 [2], [1], [7], [8] 중에서 2장을 뽑아 한 번씩만 사용하여 몇십몇을 만들려고 합니다. 만들 수 있는 몇십몇 중에서 가장 큰 수와 가장 작은 수의 합을 구해 보세요.

풀이

탑 ____________________

정답과 해설 32쪽

130쪽 계산 결과의 크기 비교하기

4 태리와 승후가 가지고 있는 바둑돌의 수입니다. 태리는 승후보다 바둑돌을 몇 개 더 많이 가지고 있는지 구해 보세요.

태리		승후	
흰색	검은색	흰색	검은색
30개	30개	10개	40개

풀이

답 ______

130쪽 계산 결과의 크기 비교하기

5 찬열이가 산 카드와 엽서의 수입니다. 카드를 엽서보다 몇 장 더 많이 샀는지 구해 보세요.

카드		엽서	
풍경 카드	인물 카드	풍경 엽서	인물 엽서
23장	42장	34장	11장

풀이

답 ______

단원 마무리

132쪽 처음의 수 구하기

6 나뭇가지에 나뭇잎이 붙어 있었습니다. 그중에서 18장이 떨어졌더니 50장이 남았습니다. 처음 나뭇가지에 붙어 있던 나뭇잎은 몇 장인가요?

풀이

답 ____________

132쪽 처음의 수 구하기

7 연못에 있는 청개구리 72마리와 황소개구리 몇 마리를 합하면 모두 98마리입니다. 연못에 있는 황소개구리는 몇 마리인가요?

풀이

답 ____________

126쪽 수 카드로 만든 몇십몇의 합(차) 구하기

8 4장의 수 카드 4, 6, 3, 7 중에서 2장을 뽑아 한 번씩만 사용하여 몇십몇을 만들려고 합니다. 만들 수 있는 몇십몇 중에서 가장 큰 수와 두 번째로 큰 수의 차를 구해 보세요.

풀이

답 ____________

맞은 개수 / 10개 **걸린 시간** / 40분

정답과 해설 33쪽

130쪽 계산 결과의 크기 비교하기

9 추억 기차에 어제 탄 사람은 할아버지가 41명, 할머니가 44명이고, 오늘 탄 사람은 할아버지가 35명, 할머니가 62명입니다. 언제 탄 사람이 몇 명 더 많은지 구해 보세요.

풀이

답 ______ , ______

124쪽 모두 얼마인지 구하기

세 사람의 대화를 읽고 용빈이와 희연이가 푼 수학 문제는 모두 몇 문제인지 구해 보세요.

나는 수학 문제를 37문제 풀었어.
난 성희보다 10문제 더 많이 풀었어.
난 용빈이보다 26문제 더 적게 풀었어.
성희
용빈
희연

❶ 용빈이가 푼 수학 문제의 수는?

❷ 희연이가 푼 수학 문제의 수는?

❸ 용빈이와 희연이가 푼 수학 문제는 모두 몇 문제?

답 ______

정답과 해설 39쪽에 붙이면 동물들이 식탁을 완성할 수 있어요!

1회

실력 평가

1 칭찬 붙임딱지를 인서는 52장, 현우는 55장 모았습니다. 준하는 인서보다 1장 더 많이 모았습니다. 칭찬 붙임딱지를 많이 모은 사람부터 차례대로 이름을 써 보세요.

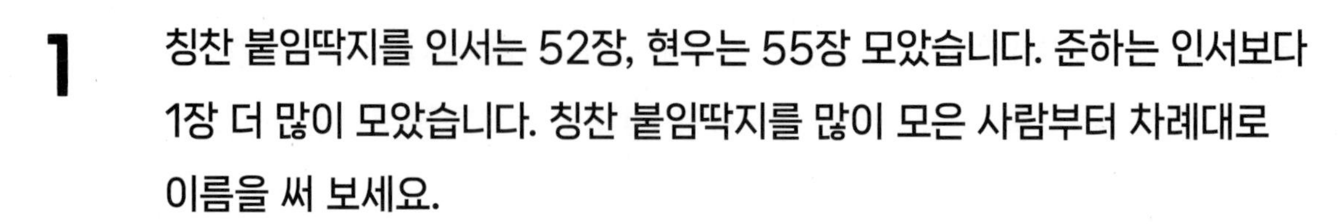

풀이

답 ________ , ________ , ________

2 오른쪽 그림과 같은 색종이를 점선을 따라 잘랐습니다. △ 모양은 □ 모양보다 몇 개 더 많은가요?

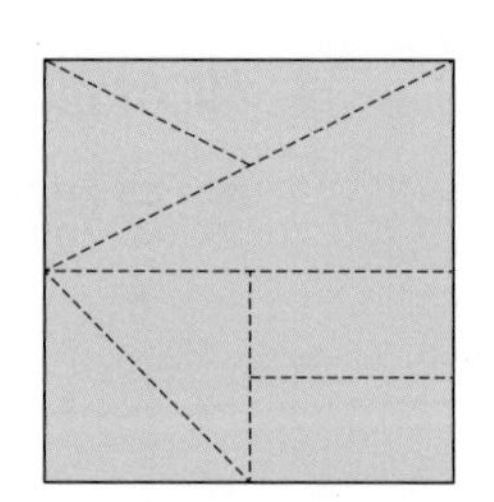

풀이

답 ________

3 전구에 불이 10개 켜져 있습니다. 그중 몇 개의 불이 꺼졌더니 남은 전구가 8개였습니다. 불이 꺼진 전구는 몇 개인가요?

풀이

답 ________

공부한 날 월 일

정답과 해설 34쪽

4 1부터 9까지의 수 중에서 □ 안에 들어갈 수 있는 가장 큰 수를 구해 보세요.

$$7+\square<14$$

풀이

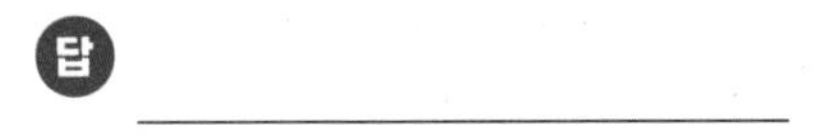

5 동물원에 원숭이는 26마리 있고, 사슴은 원숭이보다 4마리 더 적게 있습니다. 동물원에 있는 원숭이와 사슴은 모두 몇 마리인가요?

답 ____________

6 도시에 높은 건물을 지었습니다. 89층과 95층 사이에 있는 층 중에서 짝수인 층은 모두 몇 개인가요?

풀이

답 ____________

7 짧은바늘이 4와 5 사이, 긴바늘이 6을 가리키는 시계가 있습니다. 이 시계의 긴바늘이 한 바퀴 돌았을 때, 시계가 가리키는 시각을 구해 보세요.

풀이

답 ____________

8 5장의 수 카드 [7], [1], [3], [5], [2] 중에서 2장을 사용하여 두 수의 합이 10이 되도록 만들었습니다. 남은 수 카드의 세 수의 합을 구해 보세요.

풀이

답 ____________

정답과 해설 34쪽

9 규칙에 따라 흰색 바둑돌과 검은색 바둑돌을 늘어놓았습니다. 25번째에 놓이는 바둑돌은 무슨 색인가요?

○ ● ○ ○ ○ ● ○ ○ ○ ● ○ ○ …

풀이

답 ________________

10 병은이와 서진이가 꺼낸 공에 적힌 두 수의 합이 크면 이기는 놀이를 하고 있습니다. 서진이가 이기려면 어떤 수가 적힌 공을 꺼내야 할까요?

풀이

답 ________________

1 딸기 83개를 한 접시에 10개씩 담으려고 합니다. 접시 9개를 모두 채우려면 딸기는 몇 개 더 있어야 하나요?

풀이

답 ____________

2 택배 상자가 있었습니다. 그중에서 택배 아저씨가 16상자를 배달했더니 21상자가 남았습니다. 처음에 있던 택배 상자는 몇 상자인가요?

풀이

답 ____________

3 ♥와 ★에 알맞은 수를 써넣어 만들 수 있는 덧셈식을 2개 써 보세요.

♥+★+7=17

풀이

답 ____________ , ____________

정답과 해설 35쪽

4 오늘 아침에 하은이는 시계의 짧은바늘이 6과 7 사이, 긴바늘이 6을 가리킬 때, 준상이는 시계의 짧은바늘이 7, 긴바늘이 12를 가리킬 때 일어났습니다. 더 늦게 일어난 사람은 누구인가요?

답 ______________

5 □, △, ○ 모양으로 로켓과 강아지를 꾸몄습니다. □ 모양 3개, △ 모양 3개, ○ 모양 2개로 꾸민 모양을 찾아 써 보세요.

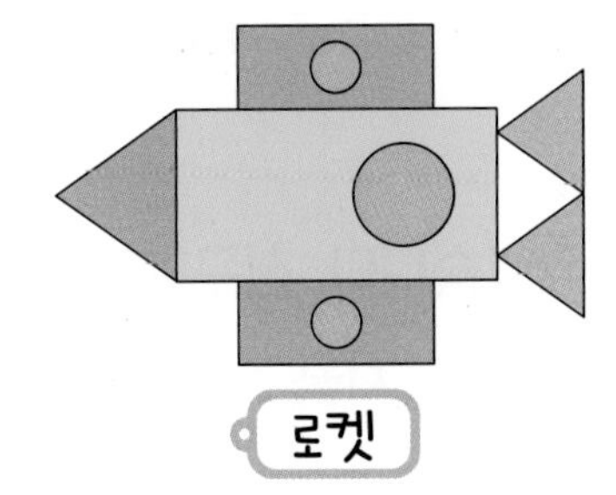

풀이

답 ______________

6 가게에 세탁기 10대와 건조기 5대가 있었습니다. 그중 세탁기 6대가 팔렸습니다. 세탁기와 건조기 중 가게에 더 많이 남아 있는 것은 무엇인가요?

풀이

답 ______________

7 규칙에 따라 빈칸에 들어갈 펼친 손가락은 모두 몇 개인가요?

풀이

답 ______________

8 지원이는 도화지를 8장 가지고 있었습니다. 친구에게 4장을 받은 후 그림을 그리는 데 9장을 사용했습니다. 지금 지원이가 가지고 있는 도화지는 몇 장인가요?

풀이

답 ______________

정답과 해설 35쪽

9 4장의 수 카드 3, 9, 2, 8 중에서 2장을 뽑아 한 번씩만 사용하여 몇십몇을 만들려고 합니다. 만들 수 있는 몇십몇 중에서 가장 큰 수와 가장 작은 수의 차를 구해 보세요.

풀이

답 ______________

10 조건을 모두 만족하는 수는 몇 개인지 구해 보세요.

- 10개씩 묶음이 7개입니다.
- 74보다 큰 수입니다.
- 홀수입니다.

풀이

답 ______________

3회 실력 평가

1 1부터 9까지의 수 중에서 □ 안에 들어갈 수 있는 수는 모두 몇 개인지 구해 보세요.

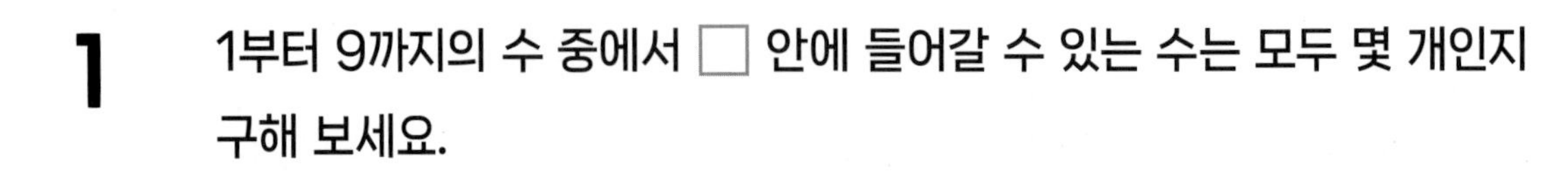

풀이

답 ______________

2 놀이터에 남자 어린이는 9명 있고, 여자 어린이는 남자 어린이보다 8명 더 적게 있습니다. 놀이터에 있는 어린이는 모두 몇 명인가요?

풀이

답 ______________

3 4장의 수 카드 3, 1, 8, 4 중에서 2장을 뽑아 한 번씩만 사용하여 몇십몇을 만들려고 합니다. 만들 수 있는 몇십몇 중에서 가장 큰 수를 써 보세요.

풀이

답 ______________

정답과 해설 36쪽

4 같은 모양은 같은 수를 나타냅니다. ★이 나타내는 수는 얼마인가요?

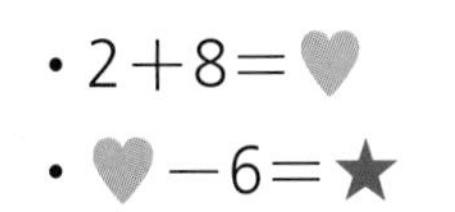

답 ______________

5 그물에 고등어는 8마리, 삼치는 7마리 걸렸고, 조기는 고등어보다 5마리 더 많이 걸렸습니다. 조기는 삼치보다 몇 마리 더 많이 걸렸나요?

답 ______________

6 짧은바늘이 10, 긴바늘이 12를 가리키는 시계가 있습니다. 이 시계의 긴바늘이 반 바퀴 돌았을 때, 시계가 가리키는 시각을 구해 보세요.

풀이

답 ______________

7 규칙에 따라 빈 시계에 알맞게 시곗바늘을 그려 넣으세요.

풀이

답

8 규칙에 따라 수를 배열하였습니다. 규칙이 다른 하나를 찾아 기호를 써 보세요.

㉠ 17 — 23 — 29 — 35 — 41
㉡ 36 — 43 — 50 — 57 — 64
㉢ 59 — 65 — 71 — 77 — 83

풀이

답 ______________

정답과 해설 36쪽

9 박물관에 어제와 오늘 입장한 사람 수입니다. 오늘은 어제보다 몇 명 더 많이 입장했는지 구해 보세요.

어제		오늘	
어른	어린이	어른	어린이
62명	20명	33명	56명

풀이

답 ______

10 인규와 현아가 카드에 적힌 두 수의 차가 큰 사람이 이기는 놀이를 하고 있습니다. 인규는 15와 7을 골랐고, 현아는 12를 골랐습니다. 현아가 이기려면 다음 중 어떤 수가 적힌 카드를 골라야 할까요?

5 6 4 3 9 8

답 ______

MEMO

공부로 이끄는 힘

완자 공부력

정답과 해설 QR코드

정답과 해설

교과서 문해력 수학 문장제 발전

책 속의 가접 별책 (특허 제 0557442호)

'정답과 해설'은 진도책에서 쉽게 분리할 수 있도록 제작되었으므로 유통 과정에서 분리될 수 있으나 파본이 아닌 정상 제품입니다.

ABOVE IMAGINATION

우리는 남다른 상상과 혁신으로
교육 문화의 새로운 전형을 만들어
모든 이의 행복한 경험과 성장에 기여한다

완자 공부로 이끄는 힘

공부력

교과서 문해력
수학 문장제 발전 1B

<정답과 해설>

1. 100까지의 수

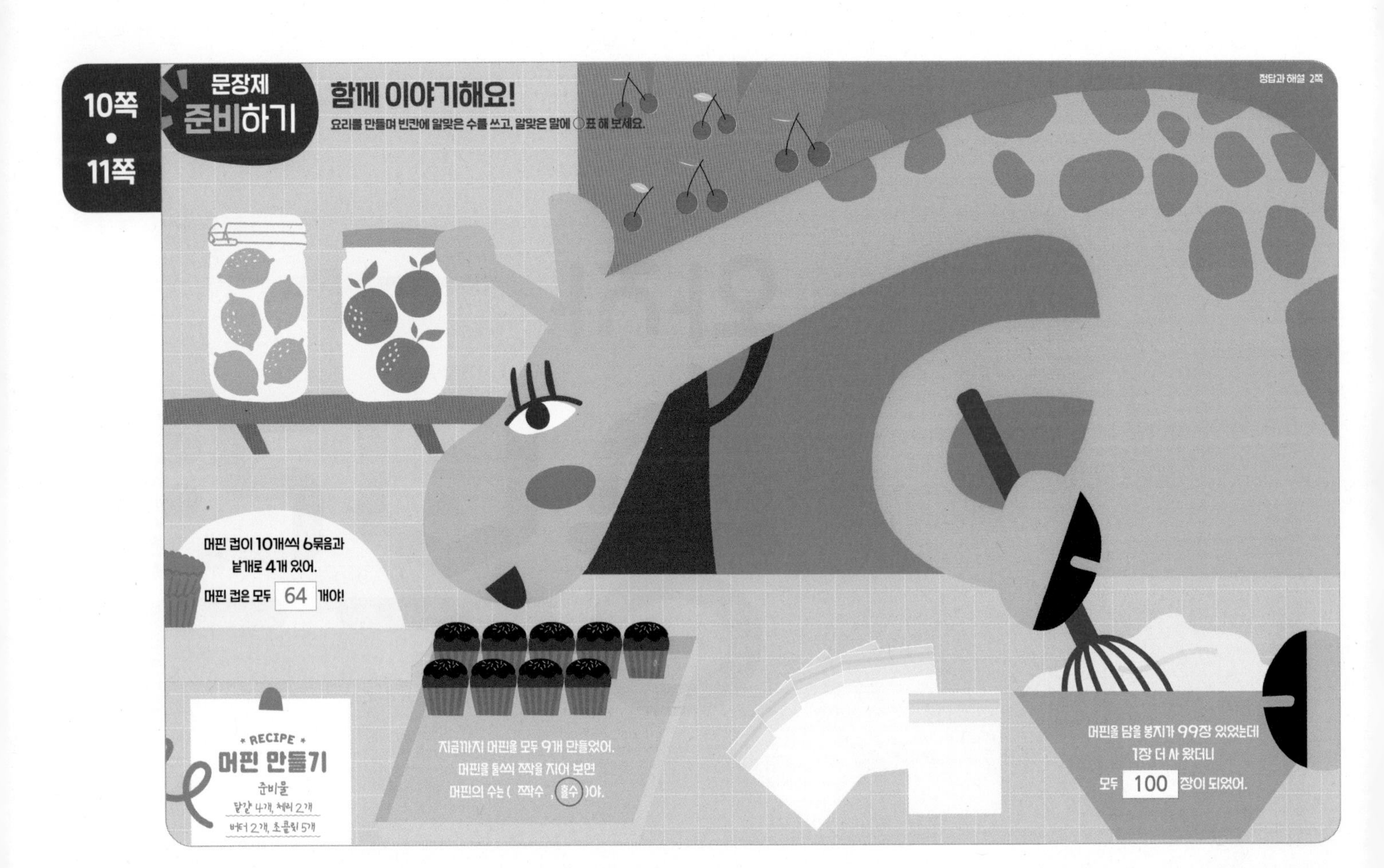

10쪽
•
11쪽
문장제
준비하기
함께 이야기해요!
요리를 만들며 빈칸에 알맞은 수를 쓰고, 알맞은 말에 ○표 해 보세요.
정답과 해설 2쪽
머핀 컵이 10개씩 6묶음과
낱개로 4개 있어.
머핀 컵은 모두 64 개야!
RECIPE
머핀 만들기
준비물
달걀 4개, 체리 2개
버터 2개, 초콜릿 5개
지금까지 머핀을 모두 9개 만들었어.
머핀을 둘씩 짝을 지어 보면
머핀의 수는 (짝수 , 홀수)야.
머핀을 담을 봉지가 99장 있었는데
1장 더 사 왔더니
모두 100 장이 되었어.

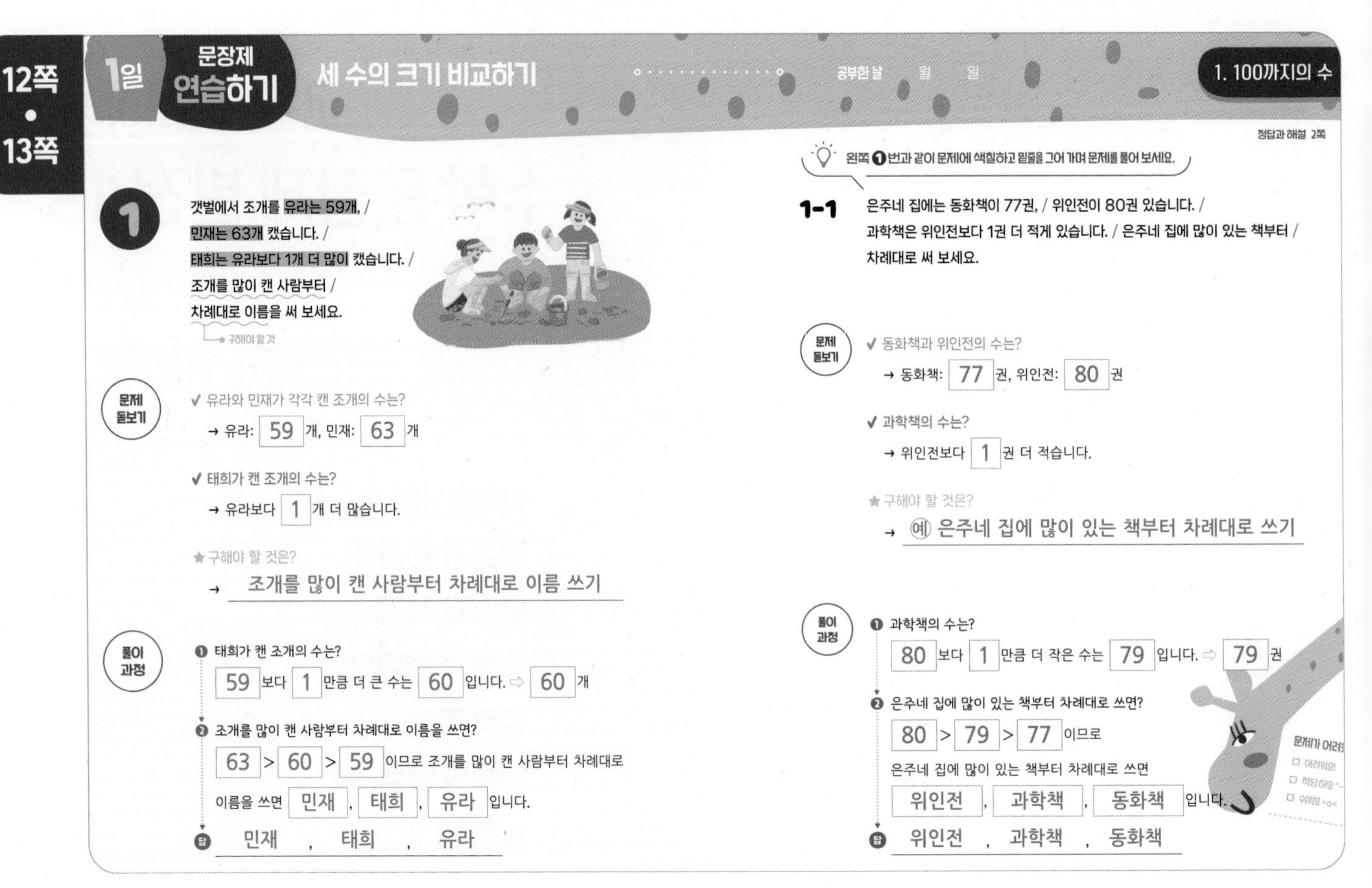
12쪽 • 13쪽

1일 문장제 연습하기 세 수의 크기 비교하기

공부한 날 월 일

1. 100까지의 수

정답과 해설 2쪽

1 갯벌에서 조개를 유라는 59개, / 민재는 63개 캤습니다. / 태희는 유라보다 1개 더 많이 캤습니다. / 조개를 많이 캔 사람부터 / 차례대로 이름을 써 보세요.

구해야 할 것

문제 돌보기

✔ 유라와 민재가 각각 캔 조개의 수는?
→ 유라: 59 개, 민재: 63 개

✔ 태희가 캔 조개의 수는?
→ 유라보다 1 개 더 많습니다.

★ 구해야 할 것은?
→ 조개를 많이 캔 사람부터 차례대로 이름 쓰기

풀이 과정

❶ 태희가 캔 조개의 수는?
59 보다 1 만큼 더 큰 수는 60 입니다. ⇨ 60 개

❷ 조개를 많이 캔 사람부터 차례대로 이름을 쓰면?
63 > 60 > 59 이므로 조개를 많이 캔 사람부터 차례대로 이름을 쓰면 민재 , 태희 , 유라 입니다.

답 민재 , 태희 , 유라

왼쪽 ❶번과 같이 문제에 색칠하고 밑줄을 그어 가며 문제를 풀어 보세요.

1-1 은주네 집에는 동화책이 77권, / 위인전이 80권 있습니다. / 과학책은 위인전보다 1권 더 적게 있습니다. / 은주네 집에 많이 있는 책부터 / 차례대로 써 보세요.

문제 돌보기

✔ 동화책과 위인전의 수는?
→ 동화책: 77 권, 위인전: 80 권

✔ 과학책의 수는?
→ 위인전보다 1 권 더 적습니다.

★ 구해야 할 것은?
→ 예 은주네 집에 많이 있는 책부터 차례대로 쓰기

풀이 과정

❶ 과학책의 수는?
80 보다 1 만큼 더 작은 수는 79 입니다. ⇨ 79 권

❷ 은주네 집에 많이 있는 책부터 차례대로 쓰면?
80 > 79 > 77 이므로
은주네 집에 많이 있는 책부터 차례대로 쓰면 위인전 , 과학책 , 동화책 입니다.

답 위인전 , 과학책 , 동화책

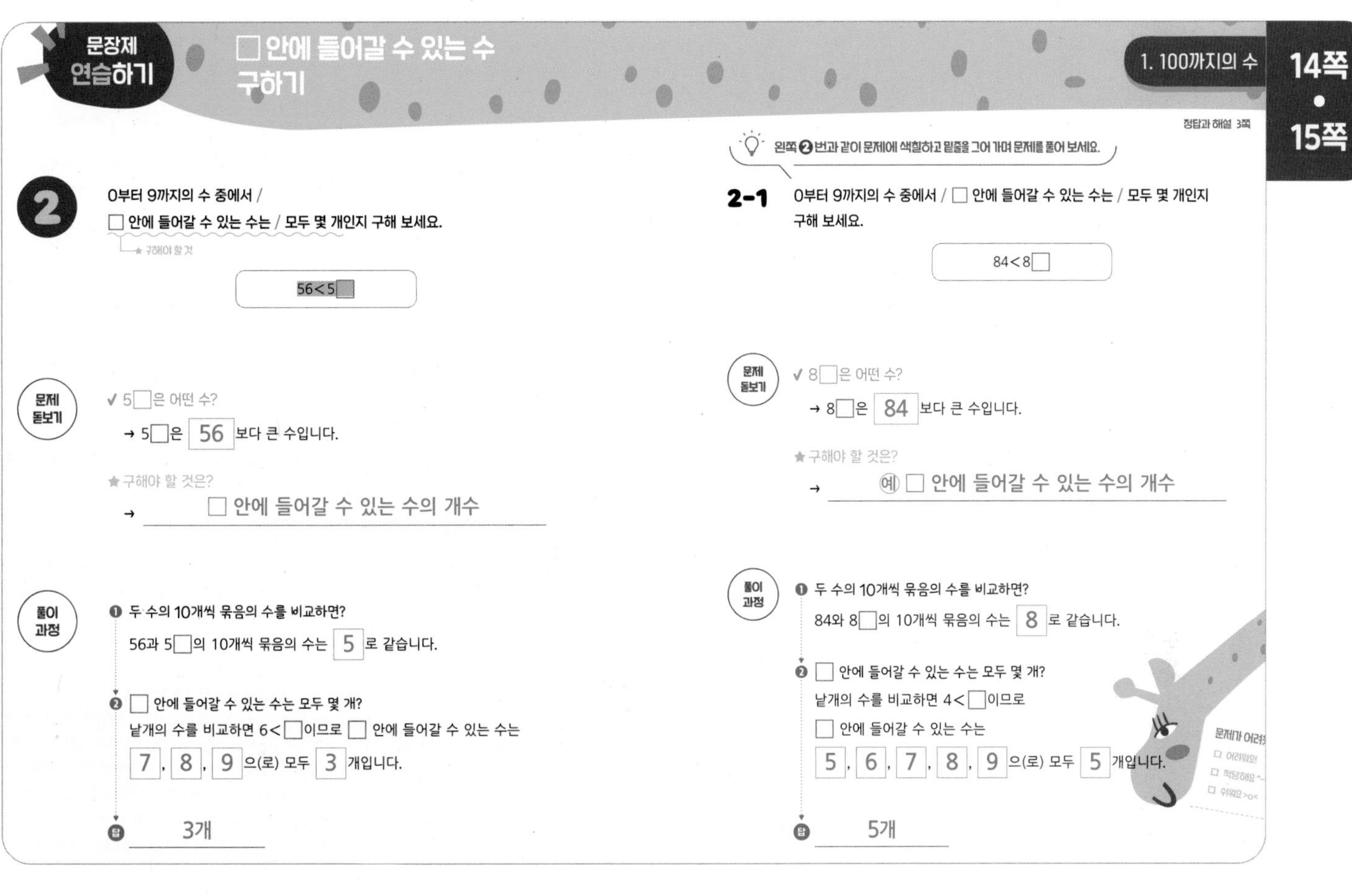

문장제 연습하기

□ 안에 들어갈 수 있는 수 구하기

1. 100까지의 수

14쪽 • 15쪽

정답과 해설 3쪽

2 0부터 9까지의 수 중에서 / □ 안에 들어갈 수 있는 수는 / 모두 몇 개인지 구해 보세요.

★ 구해야 할 것

56<5□

문제 돌보기

✓ 5□은 어떤 수?

→ 5□은 56 보다 큰 수입니다.

★ 구해야 할 것은?

→ □ 안에 들어갈 수 있는 수의 개수

풀이 과정

❶ 두 수의 10개씩 묶음의 수를 비교하면?

56과 5□의 10개씩 묶음의 수는 5 로 같습니다.

❷ □ 안에 들어갈 수 있는 수는 모두 몇 개?

낱개의 수를 비교하면 6<□이므로 □ 안에 들어갈 수 있는 수는

7, 8, 9 으(로) 모두 3 개입니다.

답 3개

왼쪽 ❷번과 같이 문제에 색칠하고 밑줄을 그어 가며 문제를 풀어 보세요.

2-1 0부터 9까지의 수 중에서 / □ 안에 들어갈 수 있는 수는 / 모두 몇 개인지 구해 보세요.

84<8□

문제 돌보기

✓ 8□은 어떤 수?

→ 8□은 84 보다 큰 수입니다.

★ 구해야 할 것은?

→ 예 □ 안에 들어갈 수 있는 수의 개수

풀이 과정

❶ 두 수의 10개씩 묶음의 수를 비교하면?

84와 8□의 10개씩 묶음의 수는 8 로 같습니다.

❷ □ 안에 들어갈 수 있는 수는 모두 몇 개?

낱개의 수를 비교하면 4<□이므로

□ 안에 들어갈 수 있는 수는

5, 6, 7, 8, 9 으(로) 모두 5 개입니다.

답 5개

문장제 실력쌓기

◆ 세 수의 크기 비교하기

◆ □ 안에 들어갈 수 있는 수 구하기

1. 100까지의 수

16쪽 • 17쪽

정답과 해설 3쪽

문제를 읽고 '연습하기'에서 했던 것처럼 밑줄을 그어 가며 문제를 풀어 보세요.

1 나래네 가족은 고기 만두를 61개, 김치 만두를 54개 빚었습니다. 새우 만두는 고기 만두보다 1개 더 많이 빚었습니다. 나래네 가족이 많이 빚은 만두부터 차례대로 써 보세요.

❶ 나래네 가족이 빚은 새우 만두의 수는?

예 61보다 1만큼 더 큰 수는 62입니다. ⇨ 62개

❷ 나래네 가족이 많이 빚은 만두부터 차례대로 쓰면?

예 62>61>54이므로 나래네 가족이 많이 빚은 만두부터 차례대로 쓰면 새우 만두, 고기 만두, 김치 만두입니다.

답 새우 만두, 고기 만두, 김치 만두

2 목장에 말은 88마리, 양은 93마리 있습니다. 젖소는 양보다 1마리 더 적게 있습니다. 목장에 많이 있는 동물부터 차례대로 써 보세요.

❶ 목장에 있는 젖소의 수는?

예 93보다 1만큼 더 작은 수는 92입니다. ⇨ 92마리

❷ 목장에 많이 있는 동물부터 차례대로 쓰면?

예 93>92>88이므로 목장에 많이 있는 동물부터 차례대로 쓰면 양, 젖소, 말입니다.

답 양, 젖소, 말

3 0부터 9까지의 수 중에서 □ 안에 들어갈 수 있는 수는 모두 몇 개인지 구해 보세요.

95<9□

❶ 두 수의 10개씩 묶음의 수를 비교하면?

예 95와 9□의 10개씩 묶음의 수는 9로 같습니다.

❷ □ 안에 들어갈 수 있는 수는 모두 몇 개?

예 낱개의 수를 비교하면 5<□이므로 □ 안에 들어갈 수 있는 수는 6, 7, 8, 9로 모두 4개입니다.

답 4개

4 1부터 9까지의 수 중에서 □ 안에 들어갈 수 있는 수는 모두 몇 개인지 구해 보세요.

76<□3

❶ 두 수의 낱개의 수를 비교하면?

예 76과 □3의 낱개의 수를 비교하면 6>3입니다.

❷ □ 안에 들어갈 수 있는 수는 모두 몇 개?

예 10개씩 묶음의 수를 비교하면 7<□이므로 □ 안에 들어갈 수 있는 수는 8, 9로 모두 2개입니다.

답 2개

18쪽 • 19쪽

2일 문장제 연습하기

수 카드로 몇십몇 만들기

공부한 날 월 일

정답과 해설 4쪽

1 4장의 수 카드 1, 5, 7, 8 중에서 2장을 뽑아 / 한 번씩만 사용하여 몇십몇을 만들려고 합니다. / 만들 수 있는 몇십몇 중에서 / 가장 큰 수를 써 보세요.

구해야 할 것

문제 돋보기

★ 구해야 할 것은?

→ 만들 수 있는 몇십몇 중에서 가장 큰 수

✔ 가장 큰 몇십몇을 만들려면?

→ 10개씩 묶음의 수에 (가장 큰 수, 가장 작은 수)를 놓고, 낱개의 수에 (두 번째로 큰 수, 두 번째로 작은 수)를 놓습니다.

풀이 과정

❶ 수 카드의 수의 크기를 비교하면?

수 카드의 수의 크기를 비교하면 8 > 7 > 5 > 1 이므로 가장 큰 수는 8, 두 번째로 큰 수는 7 입니다.

❷ 만들 수 있는 몇십몇 중에서 가장 큰 수는?

10개씩 묶음의 수에 8, 낱개의 수에 7 을(를) 놓으면 만들 수 있는 몇십몇 중에서 가장 큰 수는 87 입니다.

답 87

왼쪽 ❶번과 같이 문제에 색칠하고 밑줄을 그어 가며 문제를 풀어 보세요.

1-1 4장의 수 카드 2, 6, 4, 9 중에서 2장을 뽑아 / 한 번씩만 사용하여 몇십몇을 만들려고 합니다. / 만들 수 있는 몇십몇 중에서 / 두 번째로 큰 수를 써 보세요.

문제 돋보기

★ 구해야 할 것은?

→ 예 만들 수 있는 몇십몇 중에서 두 번째로 큰 수

✔ 두 번째로 큰 몇십몇을 만들려면?

→ 10개씩 묶음의 수에 (가장 큰 수, 가장 작은 수)를 놓고, 낱개의 수에 (두 번째로 큰 수 , 세 번째로 큰 수)를 놓습니다.

풀이 과정

❶ 수 카드의 수의 크기를 비교하면?

수 카드의 수의 크기를 비교하면 9 > 6 > 4 > 2 이므로 가장 큰 수는 9, 세 번째로 큰 수는 4 입니다.

❷ 만들 수 있는 몇십몇 중에서 두 번째로 큰 수는?

10개씩 묶음의 수에 9, 낱개의 수에 4 을(를) 놓으면 만들 수 있는 몇십몇 중에서 두 번째로 큰 수는 94 입니다.

답 94

문제가 어려워? □ 어려워요 □ 적당해요 □ 쉬워요

20쪽 • 21쪽

문장제 연습하기

낱개가 몇 개 더 있어야 하는지 구하기

1. 100까지의 수

정답과 해설 4쪽

2 인형 65개를 / 한 상자에 10개씩 담으려고 합니다. / 상자 7개를 모두 채우려면 / 인형은 몇 개 더 있어야 하나요?

구해야 할 것

문제 돋보기

✔ 상자에 담으려는 인형의 수는?

→ 65 개

✔ 인형을 상자에 담는 방법은?

→ 한 상자에 10 개씩 담아서 상자 7 개를 모두 채우려고 합니다.

★ 구해야 할 것은?

→ 더 있어야 하는 인형의 수

풀이 과정

❶ 65를 10개씩 묶음의 수와 낱개의 수로 나타내면?

65는 10개씩 묶음 6 개와 낱개 5 개이므로 상자 6 개를 채우고 인형 5 개가 남습니다.

❷ 더 있어야 하는 인형은 몇 개?

남은 인형 5 개로 마지막 상자를 채워야 하므로 상자 7개를 모두 채우려면 인형은 5 개 더 있어야 합니다.

답 5개

왼쪽 ❷번과 같이 문제에 색칠하고 밑줄을 그어 가며 문제를 풀어 보세요.

2-1 금붕어 73마리를 / 한 어항에 10마리씩 담으려고 합니다. / 어항 8개를 모두 채우려면 / 금붕어는 몇 마리 더 있어야 하나요?

문제 돋보기

✔ 어항에 담으려는 금붕어의 수는?

→ 73 마리

✔ 금붕어를 어항에 담는 방법은?

→ 한 어항에 10 마리씩 담아서 어항 8 개를 모두 채우려고 합니다.

★ 구해야 할 것은?

→ 예 더 있어야 하는 금붕어의 수

풀이 과정

❶ 73을 10개씩 묶음의 수와 낱개의 수로 나타내면?

73은 10개씩 묶음 7 개와 낱개 3 개이므로 어항 7 개를 채우고 금붕어 3 마리가 남습니다.

❷ 더 있어야 하는 금붕어는 몇 마리?

남은 금붕어 3 마리로 마지막 어항을 채워야 하므로 어항 8개를 모두 채우려면 금붕어는 7 마리 더 있어야 합니다.

답 7마리

문제가 어려워? □ 어려워요 □ 적당해요 □ 쉬워요

문장제 실력쌓기

◆ 수 카드로 몇십몇 만들기
◆ 낱개가 몇 개 더 있어야 하는지 구하기

정답과 해설 5쪽

문제를 읽고 '연습하기'에서 했던 것처럼 밑줄을 그어 가며 문제를 풀어 보세요.

1 4장의 수 카드 [2], [1], [0], [7] 중에서 2장을 뽑아 한 번씩만 사용하여 몇십몇을 만들려고 합니다. 만들 수 있는 몇십몇 중에서 가장 큰 수를 써 보세요.

❶ 수 카드의 수의 크기를 비교하면?
예 수 카드의 수의 크기를 비교하면 7>2>1>0이므로 가장 큰 수는 7, 두 번째로 큰 수는 2입니다.

❷ 만들 수 있는 몇십몇 중에서 가장 큰 수는?
예 10개씩 묶음의 수에 7, 낱개의 수에 2를 놓으면 만들 수 있는 몇십몇 중에서 가장 큰 수는 72입니다.

답 72

2 4장의 수 카드 [6], [3], [8], [5] 중에서 2장을 뽑아 한 번씩만 사용하여 몇십몇을 만들려고 합니다. 만들 수 있는 몇십몇 중에서 두 번째로 큰 수를 써 보세요.

❶ 수 카드의 수의 크기를 비교하면?
예 수 카드의 수의 크기를 비교하면 8>6>5>3이므로 가장 큰 수는 8, 세 번째로 큰 수는 5입니다.

❷ 만들 수 있는 몇십몇 중에서 두 번째로 큰 수는?
예 10개씩 묶음의 수에 8, 낱개의 수에 5를 놓으면 만들 수 있는 몇십몇 중에서 두 번째로 큰 수는 85입니다.

답 85

3 고구마 57개를 한 봉지에 10개씩 담으려고 합니다. 봉지 6개를 모두 채우려면 고구마는 몇 개 더 있어야 하나요?

❶ 57을 10개씩 묶음의 수와 낱개의 수로 나타내면?
예 57은 10개씩 묶음 5개와 낱개 7개이므로 봉지 5개를 채우고 고구마 7개가 남습니다.

❷ 더 있어야 하는 고구마는 몇 개?
예 남은 고구마 7개로 마지막 봉지를 채워야 하므로 봉지 6개를 모두 채우려면 고구마는 3개 더 있어야 합니다.

답 3개

4 장미 94송이를 한 꽃병에 10송이씩 꽂으려고 합니다. 꽃병 10개를 모두 채우려면 장미는 몇 송이 더 있어야 하나요?

❶ 94를 10개씩 묶음의 수와 낱개의 수로 나타내면?
예 94는 10개씩 묶음 9개와 낱개 4개이므로 꽃병 9개를 채우고 장미 4송이가 남습니다.

❷ 더 있어야 하는 장미는 몇 송이?
예 남은 장미 4송이로 마지막 꽃병을 채워야 하므로 꽃병 10개를 모두 채우려면 장미는 6송이 더 있어야 합니다.

답 6송이

3일 문장제 연습하기

사이에 있는 수 구하기

공부한 날 월 일

정답과 해설 5쪽

1 공연장 의자에 차례대로 번호가 적혀 있습니다. / 58번과 64번 사이에 있는 의자 중에서 / 홀수가 적힌 의자는 모두 몇 개인가요?

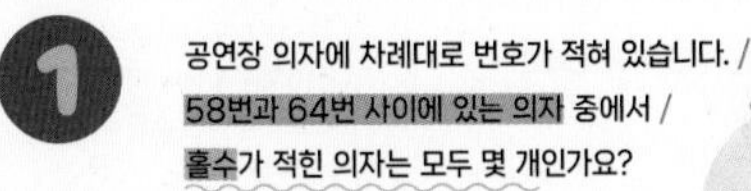

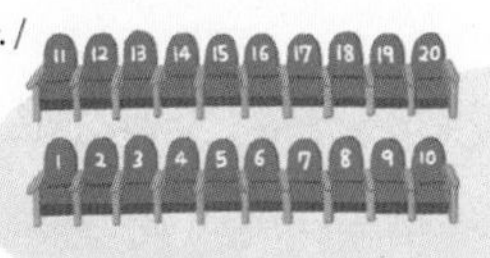

구해야 할 것

문제 돋보기

✔ 58과 64 사이에 있는 수는?
→ [58] 보다 크고 [64] 보다 작은 수

✔ 홀수는?
→ 둘씩 짝을 지을 수 (있는 , (없는)) 수

★ 구해야 할 것은?
→ 58번과 64번 사이에 있는 의자 중에서 홀수가 적힌 의자의 수

풀이 과정

❶ 58번과 64번 사이에 있는 번호는?
58번보다 크고 64번보다 작은 번호는 [59] 번, [60] 번, [61] 번, [62] 번, [63] 번입니다.

❷ 위 ❶에서 구한 번호 중에서 홀수가 적힌 의자는 모두 몇 개?
위 ❶에서 구한 번호 중에서 홀수는 [59] 번, [61] 번, [63] 번이므로 홀수가 적힌 의자는 모두 [3] 개입니다.

답 3개

왼쪽 ❶번과 같이 문제에 색칠하고 밑줄을 그어 가며 문제를 풀어 보세요.

1-1 은행에서는 온 차례대로 번호표를 뽑습니다. / 85번과 92번 사이에 뽑은 번호표 중에서 / 짝수가 적힌 번호표는 모두 몇 개인가요?

문제 돋보기

✔ 85와 92 사이에 있는 수는?
→ [85] 보다 크고 [92] 보다 작은 수

✔ 짝수는?
→ 둘씩 짝을 지을 수 ((있는) , 없는) 수

★ 구해야 할 것은?
→ 예 85번과 92번 사이에 뽑은 번호표 중에서 짝수가 적힌 번호표의 수

풀이 과정

❶ 85번과 92번 사이에 있는 번호는?
85번보다 크고 92번보다 작은 번호는 [86] 번, [87] 번, [88] 번, [89] 번, [90] 번, [91] 번입니다.

❷ 위 ❶에서 구한 번호 중에서 짝수가 적힌 번호표는 모두 몇 개?
위 ❶에서 구한 번호 중에서 짝수는 [86] 번, [88] 번, [90] 번이므로 짝수가 적힌 번호표는 모두 [3] 개입니다.

답 3개

문제가 어려워 □ 어려워요! □ 적당해요 □ 쉬워요

26쪽 • 27쪽

문장제 연습하기

조건을 만족하는 수 구하기

정답과 해설 6쪽

2 조건을 모두 만족하는 수를 구해 보세요.
↳ 구해야 할 것

- 10개씩 묶음이 7개입니다.
- 76보다 큰 수입니다.
- 짝수입니다.

문제 돋보기

✔ 첫 번째 조건은? → 10개씩 묶음이 [7] 개입니다.

✔ 두 번째 조건은? → [76] 보다 큰 수입니다.

✔ 세 번째 조건은? → ((짝수), 홀수)입니다.

★ 구해야 할 것은?

→ 조건을 모두 만족하는 수

풀이 과정

❶ 첫 번째, 두 번째 조건을 만족하는 수는?

10개씩 묶음의 수가 [7] 인 수 중에서 낱개의 수가 [6] 보다 큰 수는 [77], [78], [79] 입니다.

❷ 세 조건을 모두 만족하는 수는?

위 ❶에서 구한 수 중에서 짝수는 [78] 이므로 조건을 모두 만족하는 수는 [78] 입니다.

답 78

왼쪽 ❷번과 같이 문제에 색칠하고 밑줄을 그어 가며 문제를 풀어 보세요.

2-1 조건을 모두 만족하는 수를 구해 보세요.

- 10개씩 묶음이 6개입니다.
- 63보다 작은 수입니다.
- 홀수입니다.

문제 돋보기

✔ 첫 번째 조건은? → 10개씩 묶음이 [6] 개입니다.

✔ 두 번째 조건은? → [63] 보다 작은 수입니다.

✔ 세 번째 조건은? → (짝수 , (홀수))입니다.

★ 구해야 할 것은?

→ 예) 조건을 모두 만족하는 수

풀이 과정

❶ 첫 번째, 두 번째 조건을 만족하는 수는?

10개씩 묶음의 수가 [6] 인 수 중에서 낱개의 수가 [3] 보다 작은 수는 [60], [61], [62] 입니다.

❷ 세 조건을 모두 만족하는 수는?

위 ❶에서 구한 수 중에서 홀수는 [61] 이므로 조건을 모두 만족하는 수는 [61] 입니다.

답 61

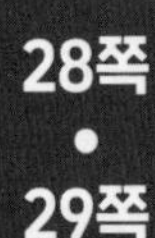

28쪽 • 29쪽

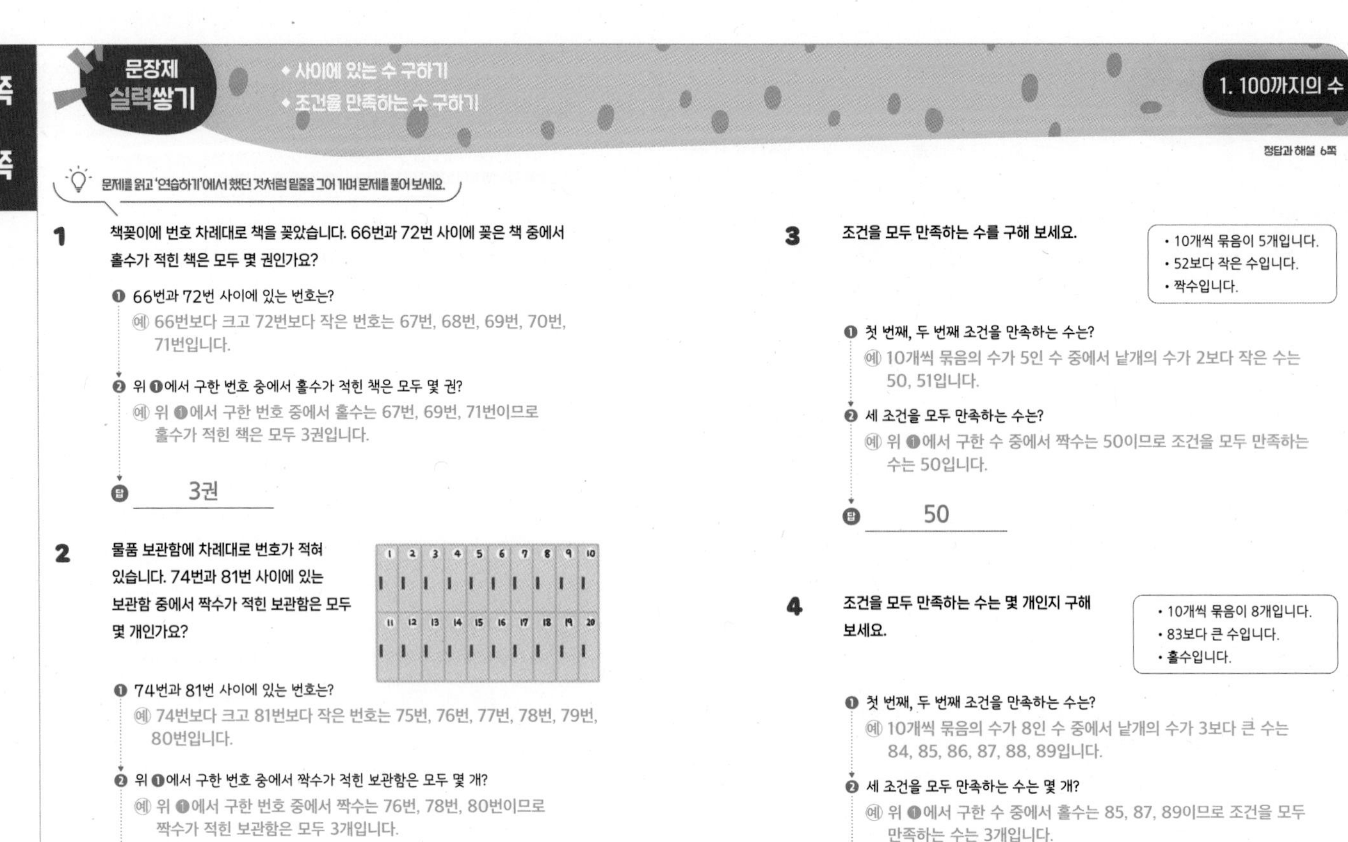

문장제 실력쌓기

◆ 사이에 있는 수 구하기
◆ 조건을 만족하는 수 구하기

1. 100까지의 수

정답과 해설 6쪽

문제를 읽고 '연습하기'에서 했던 것처럼 밑줄을 그어 가며 문제를 풀어 보세요.

1 책꽂이에 번호 차례대로 책을 꽂았습니다. 66번과 72번 사이에 꽂은 책 중에서 홀수가 적힌 책은 모두 몇 권인가요?

❶ 66번과 72번 사이에 있는 번호는?
예) 66번보다 크고 72번보다 작은 번호는 67번, 68번, 69번, 70번, 71번입니다.

❷ 위 ❶에서 구한 번호 중에서 홀수가 적힌 책은 모두 몇 권?
예) 위 ❶에서 구한 번호 중에서 홀수는 67번, 69번, 71번이므로 홀수가 적힌 책은 모두 3권입니다.

답 3권

2 물품 보관함에 차례대로 번호가 적혀 있습니다. 74번과 81번 사이에 있는 보관함 중에서 짝수가 적힌 보관함은 모두 몇 개인가요?

❶ 74번과 81번 사이에 있는 번호는?
예) 74번보다 크고 81번보다 작은 번호는 75번, 76번, 77번, 78번, 79번, 80번입니다.

❷ 위 ❶에서 구한 번호 중에서 짝수가 적힌 보관함은 모두 몇 개?
예) 위 ❶에서 구한 번호 중에서 짝수는 76번, 78번, 80번이므로 짝수가 적힌 보관함은 모두 3개입니다.

답 3개

3 조건을 모두 만족하는 수를 구해 보세요.

- 10개씩 묶음이 5개입니다.
- 52보다 작은 수입니다.
- 짝수입니다.

❶ 첫 번째, 두 번째 조건을 만족하는 수는?
예) 10개씩 묶음의 수가 5인 수 중에서 낱개의 수가 2보다 작은 수는 50, 51입니다.

❷ 세 조건을 모두 만족하는 수는?
예) 위 ❶에서 구한 수 중에서 짝수는 50이므로 조건을 모두 만족하는 수는 50입니다.

답 50

4 조건을 모두 만족하는 수는 몇 개인지 구해 보세요.

- 10개씩 묶음이 8개입니다.
- 83보다 큰 수입니다.
- 홀수입니다.

❶ 첫 번째, 두 번째 조건을 만족하는 수는?
예) 10개씩 묶음의 수가 8인 수 중에서 낱개의 수가 3보다 큰 수는 84, 85, 86, 87, 88, 89입니다.

❷ 세 조건을 모두 만족하는 수는 몇 개?
예) 위 ❶에서 구한 수 중에서 홀수는 85, 87, 89이므로 조건을 모두 만족하는 수는 3개입니다.

답 3개

12쪽 세 수의 크기 비교하기

1 줄넘기를 승준이는 81번, 도연이는 78번 했습니다. 상민이는 승준이보다 1번 더 많이 했습니다. 줄넘기를 많이 한 사람부터 차례대로 이름을 써 보세요.

풀이 예 81보다 1만큼 더 큰 수는 82이므로 상민이는 줄넘기를 82번 했습니다.
따라서 82 > 81 > 78이므로 줄넘기를 많이 한 사람부터 차례대로 이름을 쓰면 상민, 승준, 도연입니다.

답 상민, 승준, 도연

14쪽 □ 안에 들어갈 수 있는 수 구하기

2 0부터 9까지의 수 중에서 □ 안에 들어갈 수 있는 수는 모두 몇 개인지 구해 보세요.

54 < 5□

풀이 예 54와 5□의 10개씩 묶음의 수는 5로 같습니다.
따라서 낱개의 수를 비교하면 4 < □이므로 □ 안에 들어갈 수 있는 수는 5, 6, 7, 8, 9로 모두 5개입니다.

답 5개

12쪽 세 수의 크기 비교하기

3 주차장에 버스는 93대, 승용차는 97대 있습니다. 트럭은 승용차보다 1대 더 적게 있습니다. 주차장에 많이 있는 자동차부터 차례대로 써 보세요.

풀이 예 97보다 1만큼 더 작은 수는 96이므로 트럭은 96대 있습니다.
따라서 97 > 96 > 93이므로 주차장에 많이 있는 자동차부터 차례대로 쓰면 승용차, 트럭, 버스입니다.

답 승용차, 트럭, 버스

18쪽 수 카드로 몇십몇 만들기

4 4장의 수 카드 6, 1, 7, 4 중에서 2장을 뽑아 한 번씩만 사용하여 몇십몇을 만들려고 합니다. 만들 수 있는 몇십몇 중에서 가장 큰 수를 써 보세요.

풀이 예 수 카드의 수의 크기를 비교하면 7 > 6 > 4 > 1이므로 가장 큰 수는 7, 두 번째로 큰 수는 6입니다.
따라서 10개씩 묶음의 수에 7, 낱개의 수에 6을 놓으면 만들 수 있는 몇십몇 중에서 가장 큰 수는 76입니다.

답 76

20쪽 낱개가 몇 개 더 있어야 하는지 구하기

5 오이 85개를 한 바구니에 10개씩 담으려고 합니다. 바구니 9개를 모두 채우려면 오이는 몇 개 더 있어야 하나요?

풀이 예 85는 10개씩 묶음 8개와 낱개 5개이므로 바구니 8개를 채우고 오이 5개가 남습니다.
따라서 남은 오이 5개로 마지막 바구니를 채워야 하므로 바구니 9개를 모두 채우려면 오이는 5개 더 있어야 합니다.

답 5개

14쪽 □ 안에 들어갈 수 있는 수 구하기

6 1부터 9까지의 수 중에서 □ 안에 들어갈 수 있는 수는 모두 몇 개인지 구해 보세요.

62 > □5

풀이 예 낱개의 수를 비교하면 2 < 5입니다.
따라서 10개씩 묶음의 수를 비교하면 6 > □이므로 □ 안에 들어갈 수 있는 수는 1, 2, 3, 4, 5로 모두 5개입니다.

답 5개

18쪽 수 카드로 몇십몇 만들기

7 4장의 수 카드 2, 9, 3, 8 중에서 2장을 뽑아 한 번씩만 사용하여 몇십몇을 만들려고 합니다. 만들 수 있는 몇십몇 중에서 두 번째로 큰 수를 써 보세요.

풀이 예 수 카드의 수의 크기를 비교하면 9 > 8 > 3 > 2이므로 가장 큰 수는 9, 세 번째로 큰 수는 3입니다.
따라서 10개씩 묶음의 수에 9, 낱개의 수에 3을 놓으면 만들 수 있는 몇십몇 중에서 두 번째로 큰 수는 93입니다.

답 93

24쪽 사이에 있는 수 구하기

8 미술관에 입장하기 위해 사람들이 번호 차례대로 줄을 서 있습니다. 55번과 61번 사이에 서 있는 사람 중에서 홀수 번호인 사람은 모두 몇 명인가요?

풀이 예 55번보다 크고 61번보다 작은 번호는 56번, 57번, 58번, 59번, 60번입니다.
따라서 이 번호 중에서 홀수는 57번, 59번이므로 홀수 번호인 사람은 모두 2명입니다.

답 2명

26쪽 조건을 만족하는 수 구하기

9 조건을 모두 만족하는 수를 구해 보세요.

- 10개씩 묶음이 6개입니다.
- 67보다 큰 수입니다.
- 홀수입니다.

풀이 예 10개씩 묶음의 수가 6인 수 중에서 낱개의 수가 7보다 큰 수는 68, 69입니다.
따라서 이 중에서 홀수는 69이므로 조건을 모두 만족하는 수는 69입니다.

답 69

도전 문제 26쪽 조건을 만족하는 수 구하기

10 조건을 모두 만족하는 수는 몇 개인지 구해 보세요.

- 88보다 크고 94보다 작은 수입니다.
- 10개씩 묶음의 수가 낱개의 수보다 큽니다.
- 짝수입니다.

❶ 첫 번째 조건을 만족하는 수는?
예 88보다 크고 94보다 작은 수는 89, 90, 91, 92, 93입니다.

❷ 두 번째 조건을 만족하는 수는?
예 위 ❶에서 구한 수 중에서 10개씩 묶음의 수가 낱개의 수보다 큰 수는 90, 91, 92, 93입니다.

❸ 세 조건을 모두 만족하는 수는 몇 개?
예 위 ❷에서 구한 수 중에서 짝수는 90, 92이므로 조건을 모두 만족하는 수는 2개입니다.

답 2개

2. 덧셈과 뺄셈(1)

36쪽 • 37쪽

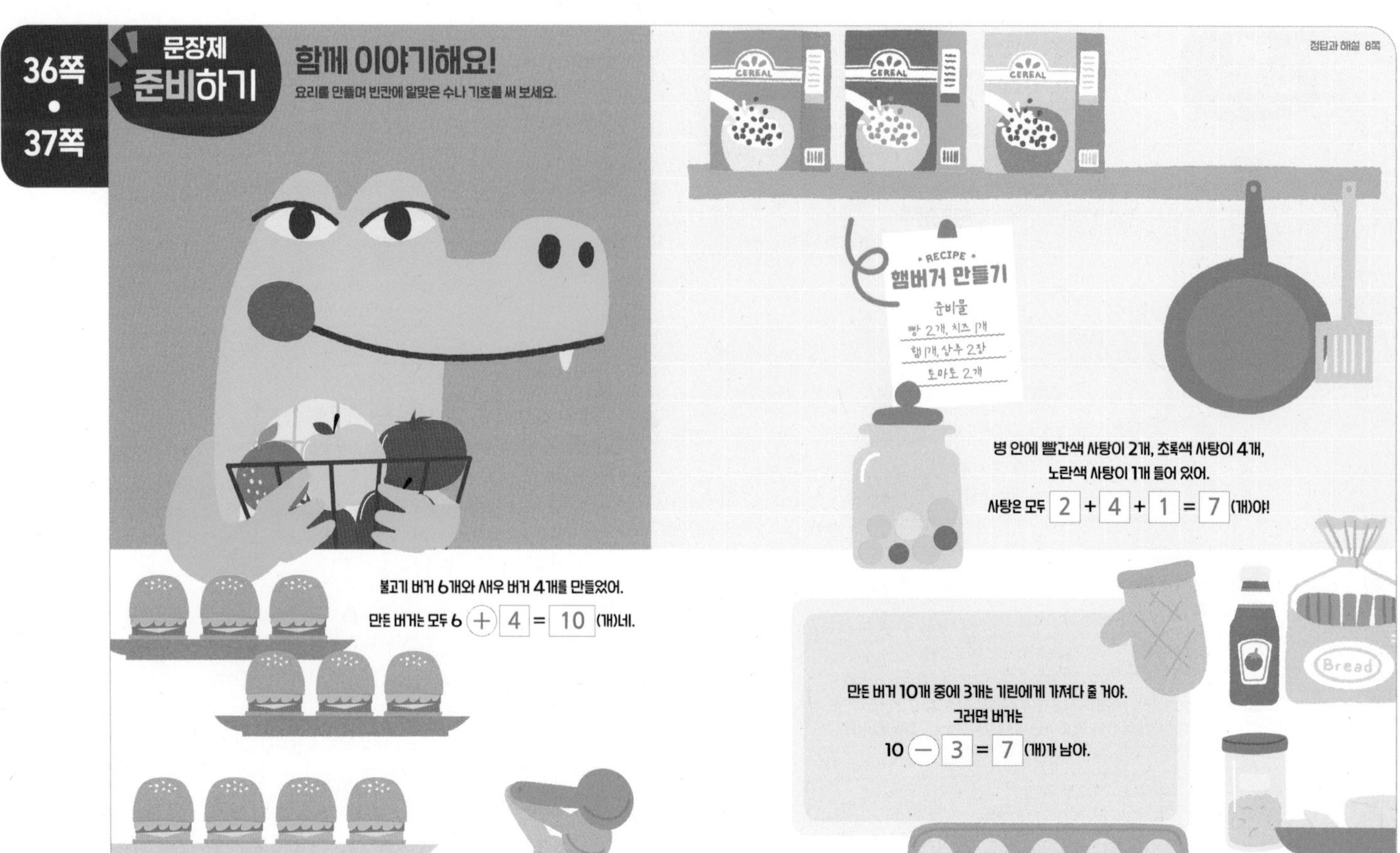

문장제 준비하기

함께 이야기해요!

요리를 만들며 빈칸에 알맞은 수나 기호를 써 보세요.

정답과 해설 8쪽

병 안에 빨간색 사탕이 2개, 초록색 사탕이 4개, 노란색 사탕이 1개 들어 있어.

사탕은 모두 2 + 4 + 1 = 7 (개)야!

불고기 버거 6개와 새우 버거 4개를 만들었어.

만든 버거는 모두 6 + 4 = 10 (개)네.

만든 버거 10개 중에 3개는 기린에게 가져다 줄 거야.

그러면 버거는

10 − 3 = 7 (개)가 남아.

38쪽 • 39쪽

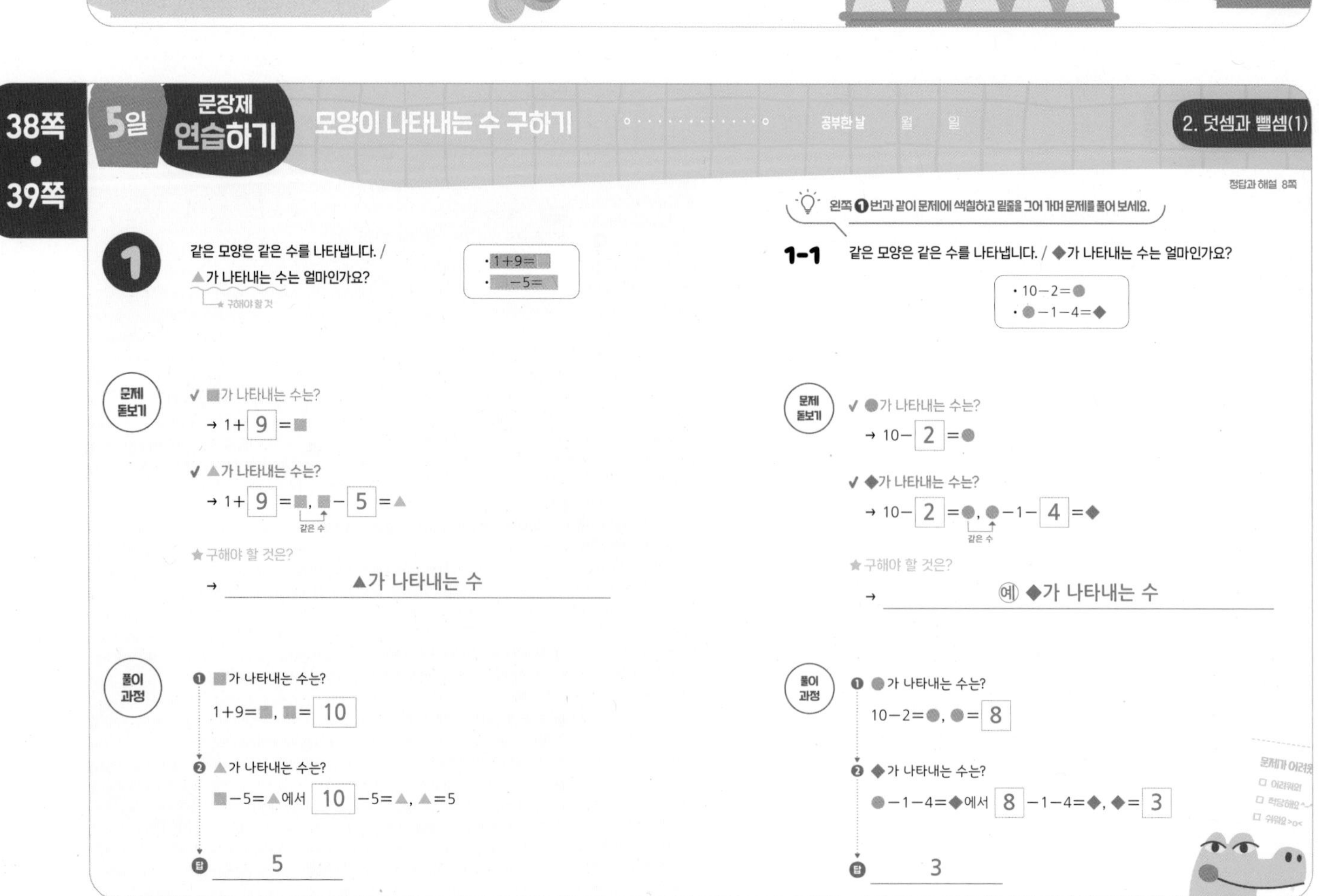

5일 문장제 연습하기 모양이 나타내는 수 구하기 공부한 날 월 일 2. 덧셈과 뺄셈(1)

정답과 해설 8쪽

1 같은 모양은 같은 수를 나타냅니다. / ▲가 나타내는 수는 얼마인가요?

구해야 할 것

• 1+9=■
• ■−5=▲

문제 돋보기

✔ ■가 나타내는 수는?

→ 1+9=■

✔ ▲가 나타내는 수는?

→ 1+9=■, ■−5=▲ (같은 수)

★ 구해야 할 것은?

→ ▲가 나타내는 수

풀이 과정

❶ ■가 나타내는 수는?

1+9=■, ■=10

❷ ▲가 나타내는 수는?

■−5=▲에서 10−5=▲, ▲=5

답 5

왼쪽 ❶번과 같이 문제에 색칠하고 밑줄을 그어 가며 문제를 풀어 보세요.

1-1 같은 모양은 같은 수를 나타냅니다. / ◆가 나타내는 수는 얼마인가요?

• 10−2=●
• ●−1−4=◆

문제 돋보기

✔ ●가 나타내는 수는?

→ 10−2=●

✔ ◆가 나타내는 수는?

→ 10−2=●, ●−1−4=◆ (같은 수)

★ 구해야 할 것은?

→ 예 ◆가 나타내는 수

풀이 과정

❶ ●가 나타내는 수는?

10−2=●, ●=8

❷ ◆가 나타내는 수는?

●−1−4=◆에서 8−1−4=◆, ◆=3

답 3

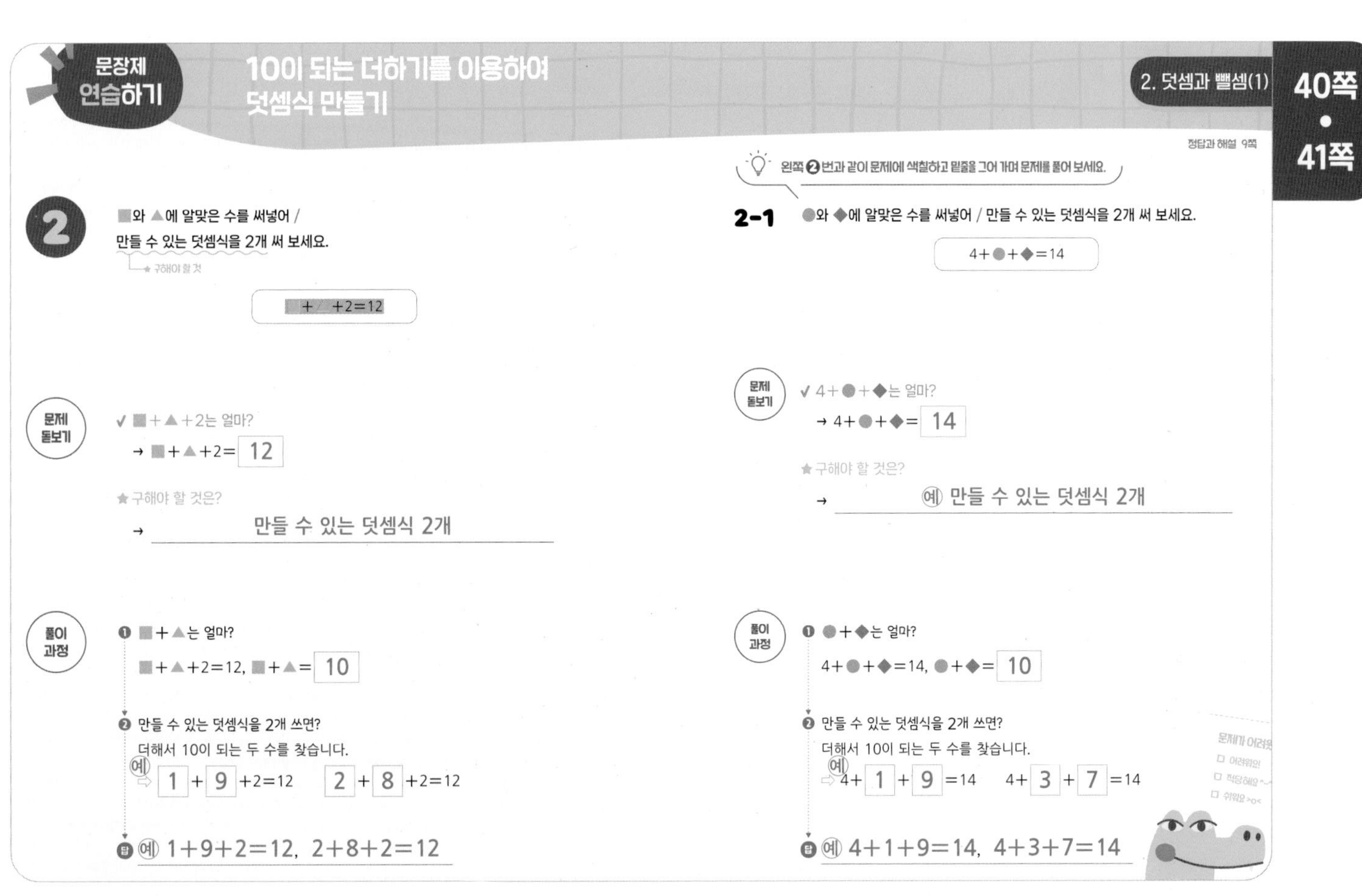

문장제 연습하기

10이 되는 더하기를 이용하여 덧셈식 만들기

2. 덧셈과 뺄셈(1)

40쪽 • 41쪽

정답과 해설 9쪽

2 ■와 ▲에 알맞은 수를 써넣어 / 만들 수 있는 덧셈식을 2개 써 보세요.

★ 구해야 할 것

■+▲+2=12

문제 돋보기

✓ ■+▲+2는 얼마?

→ ■+▲+2= 12

★ 구해야 할 것은?

→ 만들 수 있는 덧셈식 2개

풀이 과정

❶ ■+▲는 얼마?

■+▲+2=12, ■+▲= 10

❷ 만들 수 있는 덧셈식을 2개 쓰면?

더해서 10이 되는 두 수를 찾습니다.

예) ⇨ 1 + 9 +2=12 2 + 8 +2=12

답 예) 1+9+2=12, 2+8+2=12

왼쪽 ❷번과 같이 문제에 색칠하고 밑줄을 그어 가며 문제를 풀어 보세요.

2-1 ●와 ◆에 알맞은 수를 써넣어 / 만들 수 있는 덧셈식을 2개 써 보세요.

4+●+◆=14

문제 돋보기

✓ 4+●+◆는 얼마?

→ 4+●+◆= 14

★ 구해야 할 것은?

→ 예) 만들 수 있는 덧셈식 2개

풀이 과정

❶ ●+◆는 얼마?

4+●+◆=14, ●+◆= 10

❷ 만들 수 있는 덧셈식을 2개 쓰면?

더해서 10이 되는 두 수를 찾습니다.

예) ⇨ 4+ 1 + 9 =14 4+ 3 + 7 =14

답 예) 4+1+9=14, 4+3+7=14

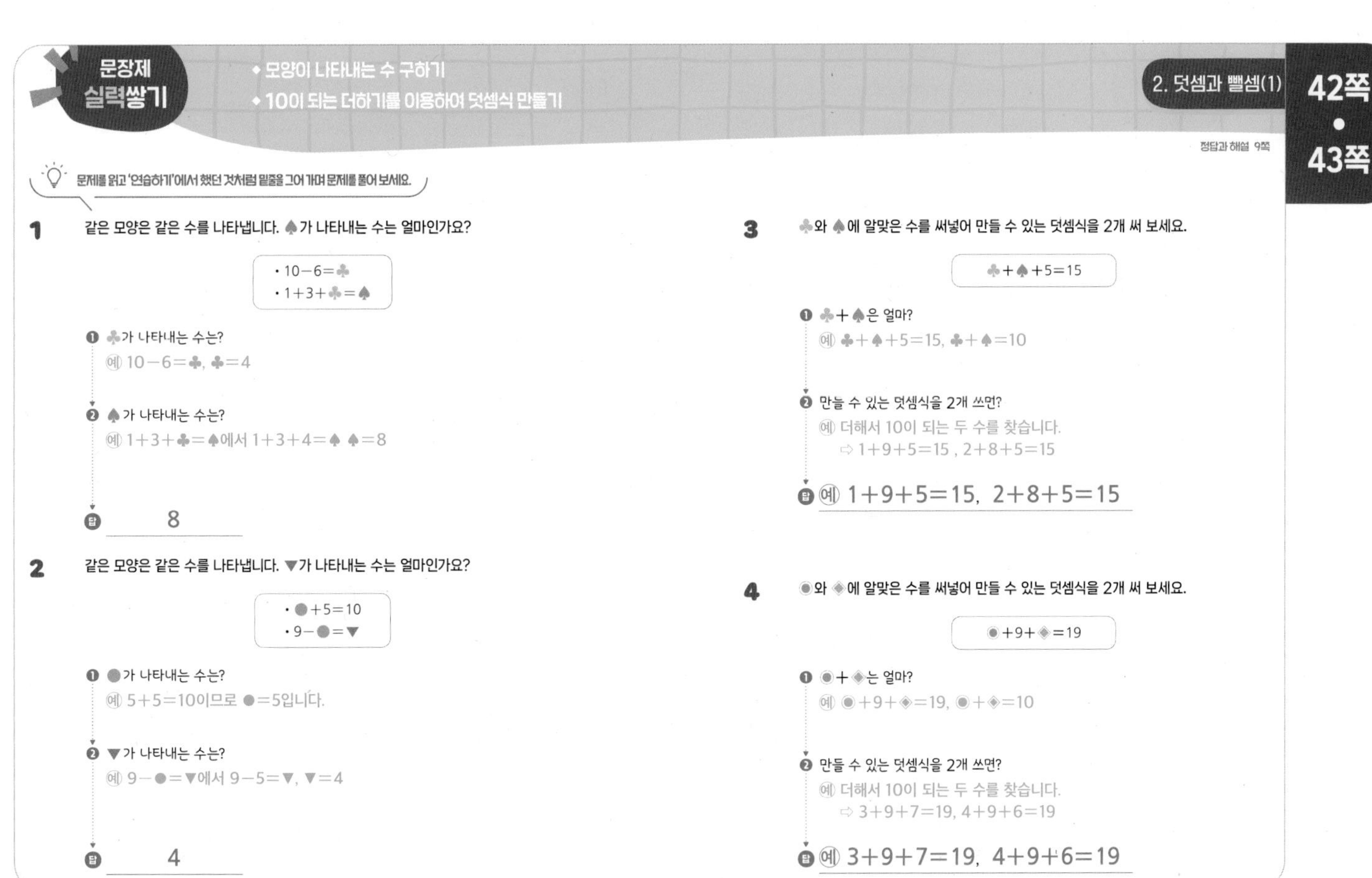

문장제 실력쌓기

- 모양이 나타내는 수 구하기
- 10이 되는 더하기를 이용하여 덧셈식 만들기

2. 덧셈과 뺄셈(1)

42쪽 • 43쪽

정답과 해설 9쪽

문제를 읽고 '연습하기'에서 했던 것처럼 밑줄을 그어 가며 문제를 풀어 보세요.

1 같은 모양은 같은 수를 나타냅니다. ♠가 나타내는 수는 얼마인가요?

- 10−6=♣
- 1+3+♣=♠

❶ ♣가 나타내는 수는?

예) 10−6=♣, ♣=4

❷ ♠가 나타내는 수는?

예) 1+3+♣=♠에서 1+3+4=♠ ♠=8

답 8

2 같은 모양은 같은 수를 나타냅니다. ▼가 나타내는 수는 얼마인가요?

- ●+5=10
- 9−●=▼

❶ ●가 나타내는 수는?

예) 5+5=10이므로 ●=5입니다.

❷ ▼가 나타내는 수는?

예) 9−●=▼에서 9−5=▼, ▼=4

답 4

3 ♣와 ♠에 알맞은 수를 써넣어 만들 수 있는 덧셈식을 2개 써 보세요.

♣+♠+5=15

❶ ♣+♠은 얼마?

예) ♣+♠+5=15, ♣+♠=10

❷ 만들 수 있는 덧셈식을 2개 쓰면?

예) 더해서 10이 되는 두 수를 찾습니다.

⇨ 1+9+5=15 , 2+8+5=15

답 예) 1+9+5=15, 2+8+5=15

4 ●와 ◈에 알맞은 수를 써넣어 만들 수 있는 덧셈식을 2개 써 보세요.

●+9+◈=19

❶ ●+◈는 얼마?

예) ●+9+◈=19, ●+◈=10

❷ 만들 수 있는 덧셈식을 2개 쓰면?

예) 더해서 10이 되는 두 수를 찾습니다.

⇨ 3+9+7=19, 4+9+6=19

답 예) 3+9+7=19, 4+9+6=19

44쪽 • 45쪽

6일 문장제 연습하기 모두 얼마인지 구하기

정답과 해설 10쪽

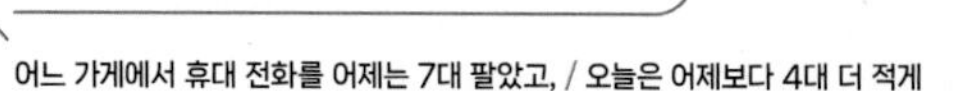

1 필통에 연필은 6자루 있고, / 색연필은 연필보다 2자루 더 적게 있습니다. / 필통에 있는 연필과 색연필은 모두 몇 자루인가요?

구해야 할 것

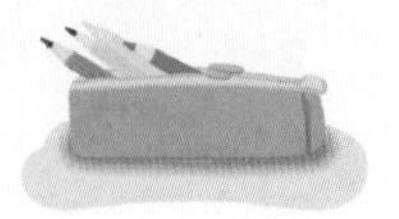

문제 돋보기
✔ 필통에 있는 연필의 수는?
→ 6 자루
✔ 필통에 있는 색연필의 수는?
→ 연필보다 2 자루 더 적습니다.
★ 구해야 할 것은?
→ 필통에 있는 연필의 수와 색연필의 수의 합

풀이 과정
❶ 필통에 있는 색연필의 수는?
6 − 2 = 4 (자루)
연필의 수, +, − 중 알맞은 것 쓰기

❷ 필통에 있는 연필과 색연필은 모두 몇 자루?
6 + 4 = 10 (자루)
연필의 수, 색연필의 수

답 10자루

1-1 어느 가게에서 휴대 전화를 어제는 7대 팔았고, / 오늘은 어제보다 4대 더 적게 팔았습니다. / 이 가게에서 이틀 동안 판 휴대 전화는 모두 몇 대인가요?

문제 돋보기
✔ 어제 판 휴대 전화의 수는?
→ 7 대
✔ 오늘 판 휴대 전화의 수는?
→ 어제 판 휴대 전화보다 4 대 더 적습니다.
★ 구해야 할 것은?
→ 예 이틀 동안 판 휴대 전화의 수의 합

풀이 과정
❶ 오늘 판 휴대 전화의 수는?

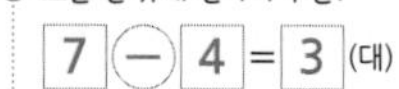

7 − 4 = 3 (대)
❷ 이틀 동안 판 휴대 전화는 모두 몇 대?

7 + 3 = 10 (대)
답 10대

46쪽 • 47쪽

문장제 연습하기 처음 수와 남은 수를 이용하여 모르는 수 구하기

정답과 해설 10쪽

왼쪽 ❷번과 같이 문제에 색칠하고 밑줄을 그어 가며 문제를 풀어 보세요.

2 풀밭에 잠자리 10마리가 있었습니다. / 잠자리 몇 마리가 날아갔더니 / 풀밭에 남은 잠자리가 3마리였습니다. / 날아간 잠자리는 몇 마리인가요?

구해야 할 것

문제 돋보기
✔ 처음 풀밭에 있던 잠자리의 수는?
→ 10 마리
✔ 풀밭에 남은 잠자리의 수는?
→ 3 마리
★ 구해야 할 것은?
→ 날아간 잠자리의 수

풀이 과정
❶ 날아간 잠자리의 수를 ■마리라 하여 식으로 나타내면?
10 − ■ = 3
+, − 중 알맞은 것 쓰기
❷ 날아간 잠자리는 몇 마리?
10에서 빼서 3이 되는 수는 7이므로 ■ = 7 입니다.
⇨ 날아간 잠자리는 7 마리입니다.

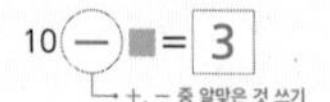

답 7마리

2-1 교실에 학생 10명이 있었습니다. / 학생 몇 명이 교실 밖으로 나갔더니 / 교실에 남은 학생이 5명이었습니다. / 교실 밖으로 나간 학생은 몇 명인가요?

문제 돋보기
✔ 처음 교실에 있던 학생 수는?
→ 10 명
✔ 교실에 남은 학생 수는?
→ 5 명
★ 구해야 할 것은?
→ 예 교실 밖으로 나간 학생 수

풀이 과정
❶ 교실 밖으로 나간 학생 수를 ■명이라 하여 식으로 나타내면?
10 − ■ = 5
❷ 교실 밖으로 나간 학생은 몇 명?
10에서 빼서 5가 되는 수는 5이므로 ■ = 5 입니다.
⇨ 교실 밖으로 나간 학생은 5 명입니다.

답 5명

문장제 실력쌓기

- 모두 얼마인지 구하기
- 처음 수와 남은 수를 이용하여 모르는 수 구하기

정답과 해설 11쪽

문제를 읽고 '연습하기'에서 했던 것처럼 밑줄을 그어 가며 문제를 풀어 보세요.

1 꽃집에 장미는 8다발 있고, 튤립은 장미보다 6다발 더 적게 있습니다. 꽃집에 있는 장미와 튤립은 모두 몇 다발인가요?

❶ 꽃집에 있는 튤립의 다발 수는?
예) $8-6=2$(다발)

❷ 꽃집에 있는 장미와 튤립은 모두 몇 다발?
예) 장미는 8다발, 튤립은 2다발이므로 모두 $8+2=10$(다발)입니다.

답 10다발

2 미영이는 포도주스를 4병 샀고, 오렌지주스는 포도주스보다 2병 더 많이 샀습니다. 미영이가 산 주스는 모두 몇 병인가요?

❶ 미영이가 산 오렌지주스의 수는?
예) $4+2=6$(병)

❷ 미영이가 산 주스는 모두 몇 병?
예) 포도주스가 4병, 오렌지주스가 6병이므로 모두 $4+6=10$(병)입니다.

답 10병

3 텃밭에 배추 10포기가 있었습니다. 배추 몇 포기를 뽑았더니 남은 배추가 7포기였습니다. 뽑은 배추는 몇 포기인가요?

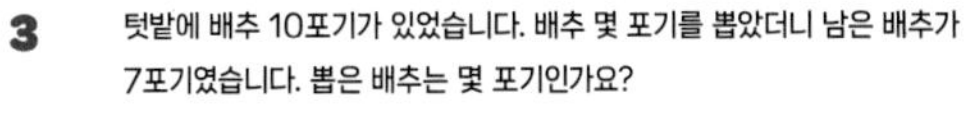

❶ 뽑은 배추의 수를 ■포기라 하여 식으로 나타내면?
예) 10－■＝7

❷ 뽑은 배추는 몇 포기?
예) 10에서 빼서 7이 되는 수는 3이므로 ■＝3입니다.
⇨ 뽑은 배추는 3포기입니다.

답 3포기

4 영화 포스터가 10장 있었습니다. 그중 몇 장을 벽에 붙였더니 4장이 남았습니다. 벽에 붙인 영화 포스터는 몇 장인가요?

❶ 벽에 붙인 영화 포스터의 수를 ■장이라 하여 식으로 나타내면?
예) 10－■＝4

❷ 벽에 붙인 영화 포스터는 몇 장?
예) 10에서 빼서 4가 되는 수는 6이므로 ■＝6입니다.
⇨ 벽에 붙인 영화 포스터는 6장입니다.

답 6장

7일 문장제 연습하기 남아 있는 수의 크기 비교하기

공부한 날 월 일

정답과 해설 11쪽

1 은지는 아몬드 10개와 땅콩 7개를 가지고 있었습니다. / 그중 아몬드 2개를 동생에게 주었습니다. / 아몬드와 땅콩 중 / 은지에게 더 많이 남아 있는 것은 무엇인가요?

★ 구해야 할 것

문제 돋보기
✔ 처음에 은지가 가지고 있던 아몬드와 땅콩의 수는?
→ 아몬드: 10 개, 땅콩: 7 개

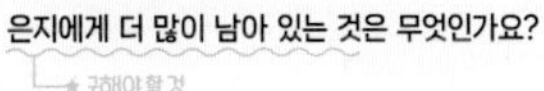

✔ 동생에게 준 아몬드의 수는?
→ 2 개

★ 구해야 할 것은?
→ 아몬드와 땅콩 중 은지에게 더 많이 남아 있는 것

풀이 과정
❶ 남아 있는 아몬드의 수는?
10 ㊀ 2 ＝ 8 (개)
처음에 은지가 가지고 있던 아몬드의 수 / +, － 중 알맞은 것 쓰기 / 동생에게 준 아몬드의 수

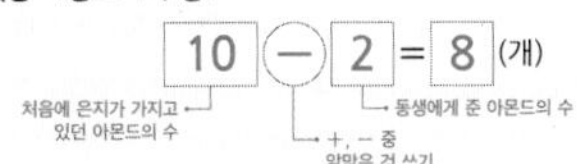

❷ 아몬드와 땅콩 중 은지에게 더 많이 남아 있는 것은?
8 > 7 이므로 은지에게 더 많이 남아 있는 것은 아몬드 입니다.

답 아몬드

왼쪽 ❶번과 같이 문제에 색칠하고 밑줄을 그어 가며 문제를 풀어 보세요.

1-1 식당에 식용유 3통과 포도씨유 10통이 있었습니다. / 그중 요리를 하는 데 포도씨유 9통을 사용했습니다. / 식용유와 포도씨유 중 / 식당에 더 많이 남아 있는 것은 무엇인가요?

문제 돋보기
✔ 처음 식당에 있던 식용유와 포도씨유의 수는?
→ 식용유: 3 통, 포도씨유: 10 통

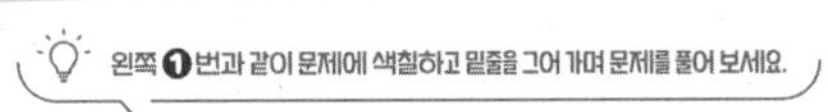

✔ 요리를 하는 데 사용한 포도씨유의 수는?
→ 9 통

★ 구해야 할 것은?
→ 예) 식용유와 포도씨유 중 식당에 더 많이 남아 있는 것

풀이 과정
❶ 남아 있는 포도씨유의 수는?
10 ㊀ 9 ＝ 1 (통)

❷ 식용유와 포도씨유 중 식당에 더 많이 남아 있는 것은?
3 > 1 이므로 식당에 더 많이 남아 있는 것은 식용유 입니다.

답 식용유

52쪽 • 53쪽

합이 10이 되도록 고르고 남은 수 카드의 수의 합 구하기

정답과 해설 12쪽

2 5장의 수 카드 1, 2, 4, 8, 3 중에서 2장을 사용하여 / 두 수의 합이 10이 되도록 만들었습니다. / 남은 수 카드의 세 수의 합을 구해 보세요.

★ 구해야 할 것

문제 돋보기
✔ 수 카드 2장을 사용하여 만들어야 하는 두 수의 합은?
→ 10

★ 구해야 할 것은?
→ 두 수의 합이 10이 되도록 만들고 남은 수 카드의 세 수의 합

풀이 과정
❶ 수 카드 2장을 사용하여 두 수의 합이 10이 되도록 만들면?
2 + 8 = 10
(또는 8+2=10)

❷ 두 수의 합이 10이 되도록 만들고 남은 수 카드의 세 수의 합은?
남은 수 카드는 1, 4, 3 이므로
세 수의 합은 1 + 4 + 3 = 8 입니다.

답 8

왼쪽 ❷번과 같이 문제에 색칠하고 밑줄을 그어 가며 문제를 풀어 보세요.

2-1 5장의 수 카드 2, 3, 1, 4, 7 중에서 2장을 사용하여 / 두 수의 합이 10이 되도록 만들었습니다. / 남은 수 카드의 세 수의 합을 구해 보세요.

문제 돋보기
✔ 수 카드 2장을 사용하여 만들어야 하는 두 수의 합은?
→ 10

★ 구해야 할 것은?
→ 예 두 수의 합이 10이 되도록 만들고 남은 수 카드의 세 수의 합

풀이 과정
❶ 수 카드 2장을 사용하여 두 수의 합이 10이 되도록 만들면?
3 + 7 = 10
(또는 7+3=10)

❷ 두 수의 합이 10이 되도록 만들고 남은 수 카드의 세 수의 합은?
남은 수 카드는 2, 1, 4 이므로
세 수의 합은 2 + 1 + 4 = 7 입니다.

답 7

문제가 어려웠
□ 어려워요!
□ 적당해요
□ 쉬워요

54쪽 • 55쪽

◆ 남아 있는 수의 크기 비교하기
◆ 합이 10이 되도록 고르고 남은 수 카드의 수의 합 구하기

정답과 해설 12쪽

문제를 읽고 '연습하기'에서 했던 것처럼 밑줄을 그어 가며 문제를 풀어 보세요.

1 명윤이는 단풍잎 10장과 은행잎 5장을 주웠습니다. 그중 단풍잎 6장으로 책갈피를 만들었습니다. 단풍잎과 은행잎 중 명윤이에게 더 많이 남아 있는 것은 무엇인가요?

❶ 남아 있는 단풍잎의 수는?
예 10−6=4(장)

❷ 단풍잎과 은행잎 중 명윤이에게 더 많이 남아 있는 것은?
예 5>4이므로 명윤이에게 더 많이 남아 있는 것은 은행잎입니다.

답 은행잎

2 신발 가게에 운동화가 8켤레, 구두가 10켤레 있었습니다. 오늘 구두를 1켤레 팔았습니다. 운동화와 구두 중 신발 가게에 더 많이 남아 있는 것은 무엇인가요?

❶ 남아 있는 구두의 수는?
예 10−1=9(켤레)

❷ 운동화와 구두 중 신발 가게에 더 많이 남아 있는 것은?
예 9>8이므로 신발 가게에 더 많이 남아 있는 것은 구두입니다.

답 구두

3 5장의 수 카드 4, 1, 5, 6, 2 중에서 2장을 사용하여 두 수의 합이 10이 되도록 만들었습니다. 남은 수 카드의 세 수의 합을 구해 보세요.

❶ 수 카드 2장을 사용하여 두 수의 합이 10이 되도록 만들면?
예 4+6=10(또는 6+4=10)

❷ 두 수의 합이 10이 되도록 만들고 남은 수 카드의 세 수의 합은?
예 남은 수 카드는 1, 5, 2이므로 세 수의 합은 1+5+2=8입니다.

답 8

4 5장의 수 카드 7, 6, 3, 2, 1 중에서 2장을 사용하여 두 수의 합이 10이 되도록 만들었습니다. 남은 수 카드의 세 수의 합을 구해 보세요.

❶ 수 카드 2장을 사용하여 두 수의 합이 10이 되도록 만들면?
예 3+7=10(또는 7+3=10)

❷ 두 수의 합이 10이 되도록 만들고 남은 수 카드의 세 수의 합은?
예 남은 수 카드는 6, 2, 1이므로 세 수의 합은 6+2+1=9입니다.

답 9

38쪽 모양이 나타내는 수 구하기

1 같은 모양은 같은 수를 나타냅니다. ▲가 나타내는 수는 얼마인가요?

• 5+5=■
• ■−8=▲

풀이 예 5+5=■이므로 ■=10입니다.
⇨ ■−8=▲에서 10−8=▲, ▲=2입니다.

답 2

46쪽 처음 수와 남은 수를 이용하여 모르는 수 구하기

2 굴 속에 두더지 10마리가 있었습니다. 두더지 몇 마리가 굴 밖으로 나갔더니 남은 두더지가 7마리였습니다. 굴 밖으로 나간 두더지는 몇 마리인가요?

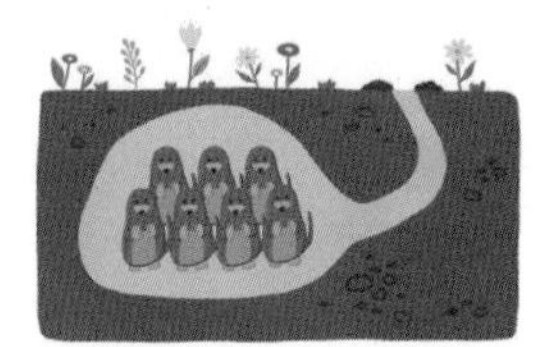

풀이 예 굴 밖으로 나간 두더지의 수를 ■마리라 하여 식으로 나타내면 10−■=7입니다.
10에서 빼서 7이 되는 수는 3이므로 ■=3입니다.
따라서 굴 밖으로 나간 두더지는 3마리입니다.

답 3마리

44쪽 모두 얼마인지 구하기

3 재연이네 가족은 4명이고, 수진이네 가족은 재연이네 가족보다 2명 더 많습니다. 재연이네 가족과 수진이네 가족은 모두 몇 명인가요?

풀이 예 (수진이네 가족의 수)=4+2=6(명)
⇨ 재연이네 가족은 4명, 수진이네 가족은 6명이므로 모두 4+6=10(명)입니다.

답 10명

44쪽 모두 얼마인지 구하기

4 예리는 빨간색 풍선을 9개 불고, 파란색 풍선을 빨간색 풍선보다 8개 더 적게 불었습니다. 예리가 분 풍선은 모두 몇 개인가요?

풀이 예 (예리가 분 파란색 풍선의 수)=9−8=1(개)
⇨ 빨간색 풍선을 9개, 파란색 풍선을 1개 불었으므로 예리가 분 풍선은 모두 9+1=10(개)입니다.

답 10개

40쪽 10이 되는 더하기를 이용하여 덧셈식 만들기

5 ●와 ◆에 알맞은 수를 써넣어 만들 수 있는 덧셈식을 2개 써 보세요.

6+●+◆=16

풀이 예 6+●+◆=16, ●+◆=10
따라서 만들 수 있는 덧셈식을 2개 쓰면
6+1+9=16, 6+2+8=16입니다.

답 예 6+1+9=16, 6+2+8=16

46쪽 처음 수와 남은 수를 이용하여 모르는 수 구하기

6 라면 10봉지가 있었습니다. 그중 몇 봉지를 끓였더니 남은 라면이 6봉지였습니다. 끓인 라면은 몇 봉지인가요?

풀이 예 끓인 라면의 수를 ■봉지라 하여 식으로 나타내면 10−■=6입니다.
10에서 빼서 6이 되는 수는 4이므로 ■=4입니다.
따라서 끓인 라면은 4봉지입니다.

답 4봉지

50쪽 남아 있는 수의 크기 비교하기

7 헤나 어머니는 사과파이 3판과 호두파이 10판을 구웠습니다. 그중 호두파이 9판을 선물했습니다. 사과파이와 호두파이 중 헤나 어머니에게 더 많이 남아 있는 것은 무엇인가요?

풀이 예 (남은 호두파이의 수)=10−9=1(판)
따라서 3>1이므로 헤나 어머니에게 더 많이 남아 있는 것은 사과파이입니다.

답 사과파이

52쪽 합이 10이 되도록 고르고 남은 수 카드의 수의 합 구하기

8 5장의 수 카드 1, 2, 4, 9, 3 중에서 2장을 사용하여 두 수의 합이 10이 되도록 만들었습니다. 남은 수 카드의 세 수의 합을 구해 보세요.

풀이 예 수 카드 2장을 사용하여 두 수의 합이 10이 되도록 만들면 1+9=10 또는 9+1=10입니다.
따라서 남은 수 카드는 2, 4, 3이므로 세 수의 합은 2+4+3=9입니다.

답 9

52쪽 합이 10이 되도록 고르고 남은 수 카드의 수의 합 구하기

9 5장의 수 카드 3, 5, 2, 1, 8 중에서 2장을 사용하여 두 수의 합이 10이 되도록 만들었습니다. 남은 수 카드의 세 수의 합을 구해 보세요.

풀이 예 수 카드 2장을 사용하여 두 수의 합이 10이 되도록 만들면 2+8=10 또는 8+2=10입니다.
따라서 남은 수 카드는 3, 5, 1이므로 세 수의 합은 3+5+1=9입니다.

답 9

도전문제 38쪽 모양이 나타내는 수 구하기

10 같은 모양은 같은 수를 나타냅니다. ♣가 나타내는 수는 얼마인가요?

• 6+♥=10
• ♥+5=★
• ★−3−1=♣

❶ ♥가 나타내는 수는?
예 6+♥=10에서 6+4=10이므로 ♥=4

❷ ★이 나타내는 수는?
예 ♥+5=★에서 4+5=★, ★=9

❸ ♣가 나타내는 수는?
예 ★−3−1=♣에서 9−3−1=♣, ♣=5

답 5

3. 모양과 시각

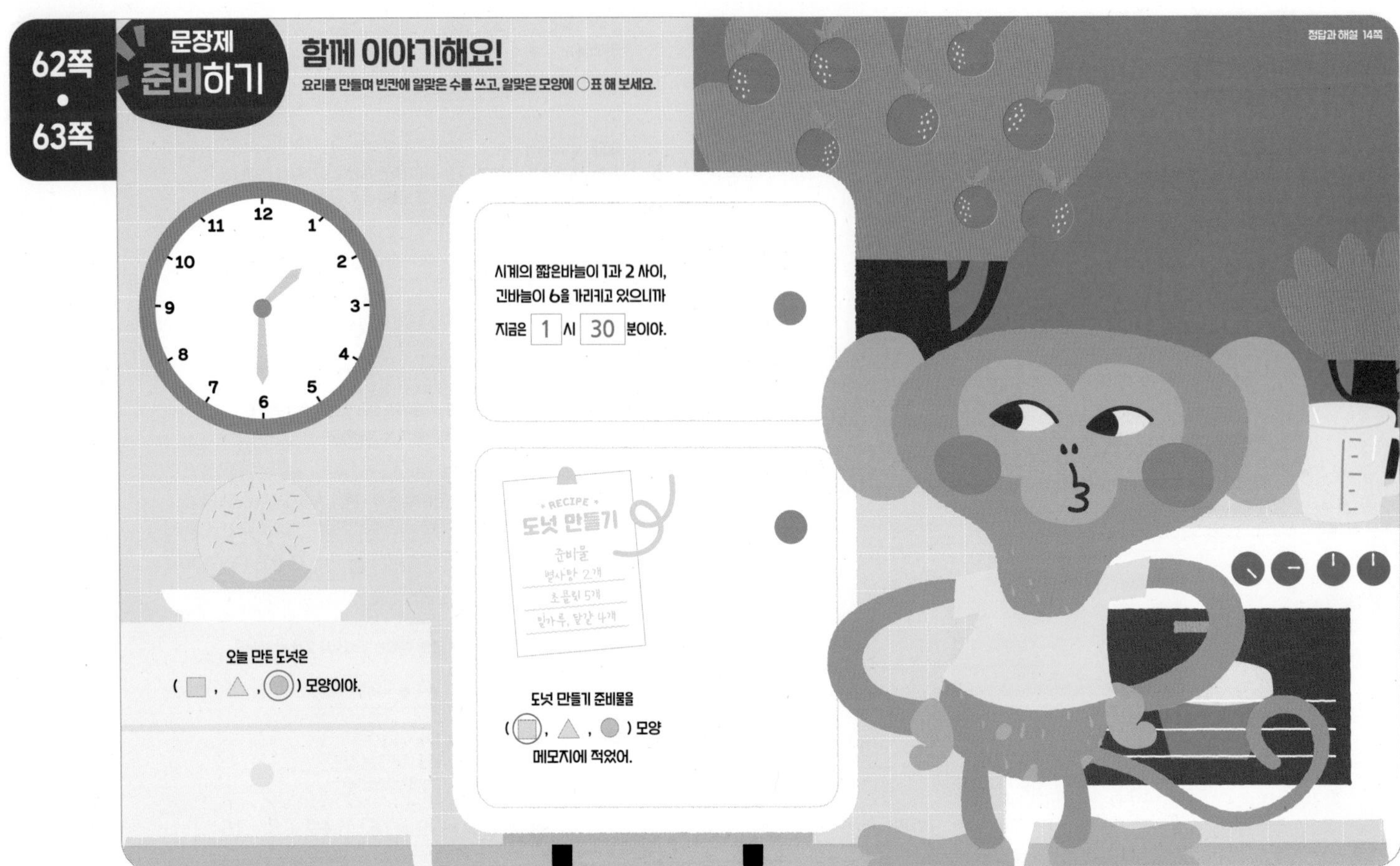
62쪽 • 63쪽
문장제 준비하기
함께 이야기해요!
요리를 만들며 빈칸에 알맞은 수를 쓰고, 알맞은 모양에 ○표 해 보세요.
정답과 해설 14쪽
시계의 짧은바늘이 1과 2 사이, 긴바늘이 6을 가리키고 있으니까 지금은 1 시 30 분이야.
RECIPE
도넛 만들기
오늘 만든 도넛은 (■ , ▲ , ●) 모양이야.
도넛 만들기 준비물을 (■ , ▲ , ●) 모양 메모지에 적었어.

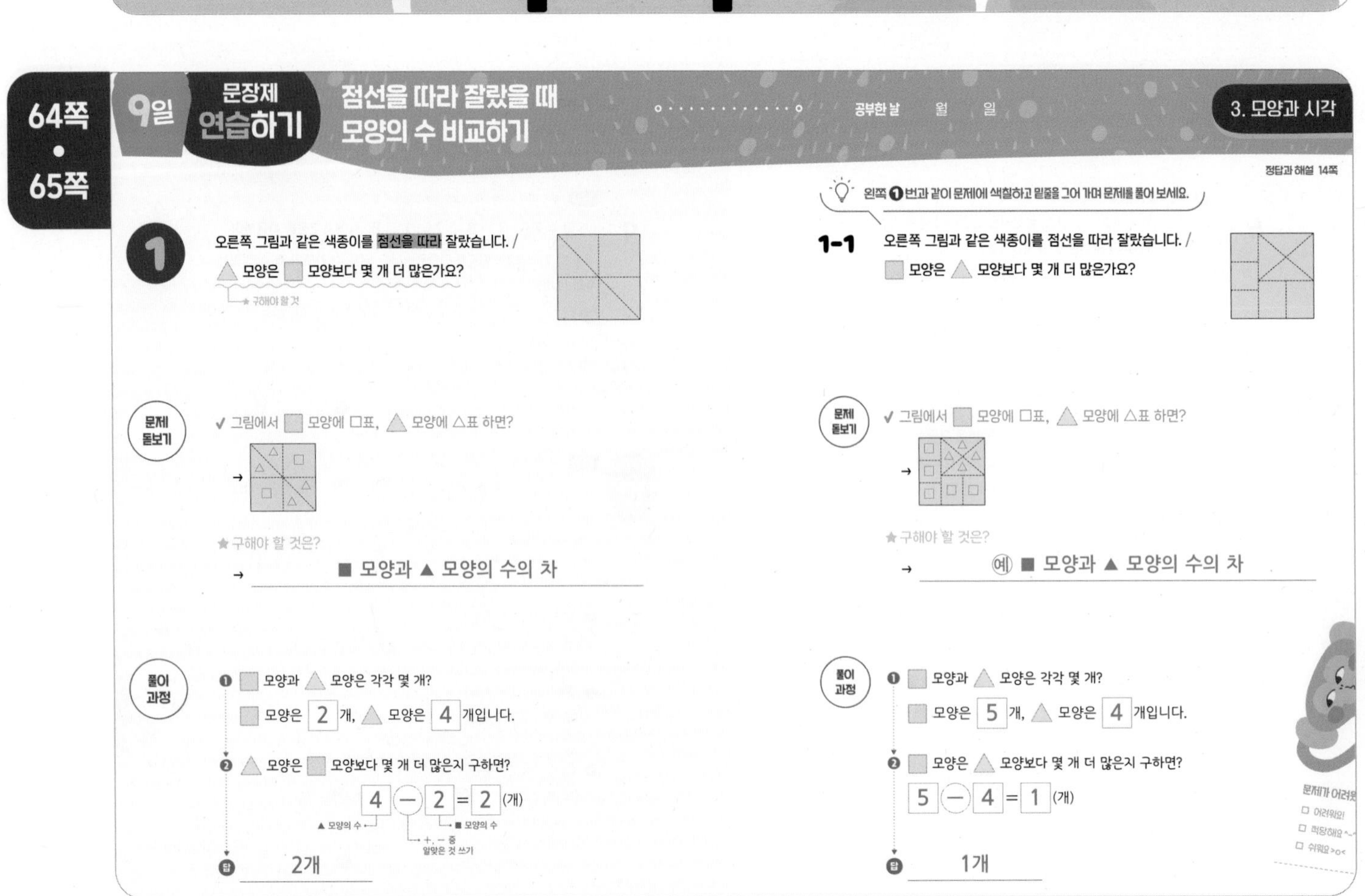
64쪽 • 65쪽
9일 문장제 연습하기
점선을 따라 잘랐을 때 모양의 수 비교하기
공부한 날 월 일
3. 모양과 시각
정답과 해설 14쪽
왼쪽 1번과 같이 문제에 색칠하고 밑줄을 그어 가며 문제를 풀어 보세요.
1 오른쪽 그림과 같은 색종이를 점선을 따라 잘랐습니다. / ▲ 모양은 ■ 모양보다 몇 개 더 많은가요?
구해야 할 것
문제 돌보기
✓ 그림에서 ■ 모양에 □표, ▲ 모양에 △표 하면?
★ 구해야 할 것은?
→ ■ 모양과 ▲ 모양의 수의 차
풀이 과정
❶ ■ 모양과 ▲ 모양은 각각 몇 개?
■ 모양은 2 개, ▲ 모양은 4 개입니다.
❷ ▲ 모양은 ■ 모양보다 몇 개 더 많은지 구하면?
4 − 2 = 2 (개)
▲ 모양의 수
■ 모양의 수
+, − 중 알맞은 것 쓰기
답 2개
1-1 오른쪽 그림과 같은 색종이를 점선을 따라 잘랐습니다. / ■ 모양은 ▲ 모양보다 몇 개 더 많은가요?
문제 돌보기
✓ 그림에서 ■ 모양에 □표, ▲ 모양에 △표 하면?
★ 구해야 할 것은?
→ 예 ■ 모양과 ▲ 모양의 수의 차
풀이 과정
❶ ■ 모양과 ▲ 모양은 각각 몇 개?
■ 모양은 5 개, ▲ 모양은 4 개입니다.
❷ ■ 모양은 ▲ 모양보다 몇 개 더 많은지 구하면?
5 − 4 = 1 (개)
답 1개

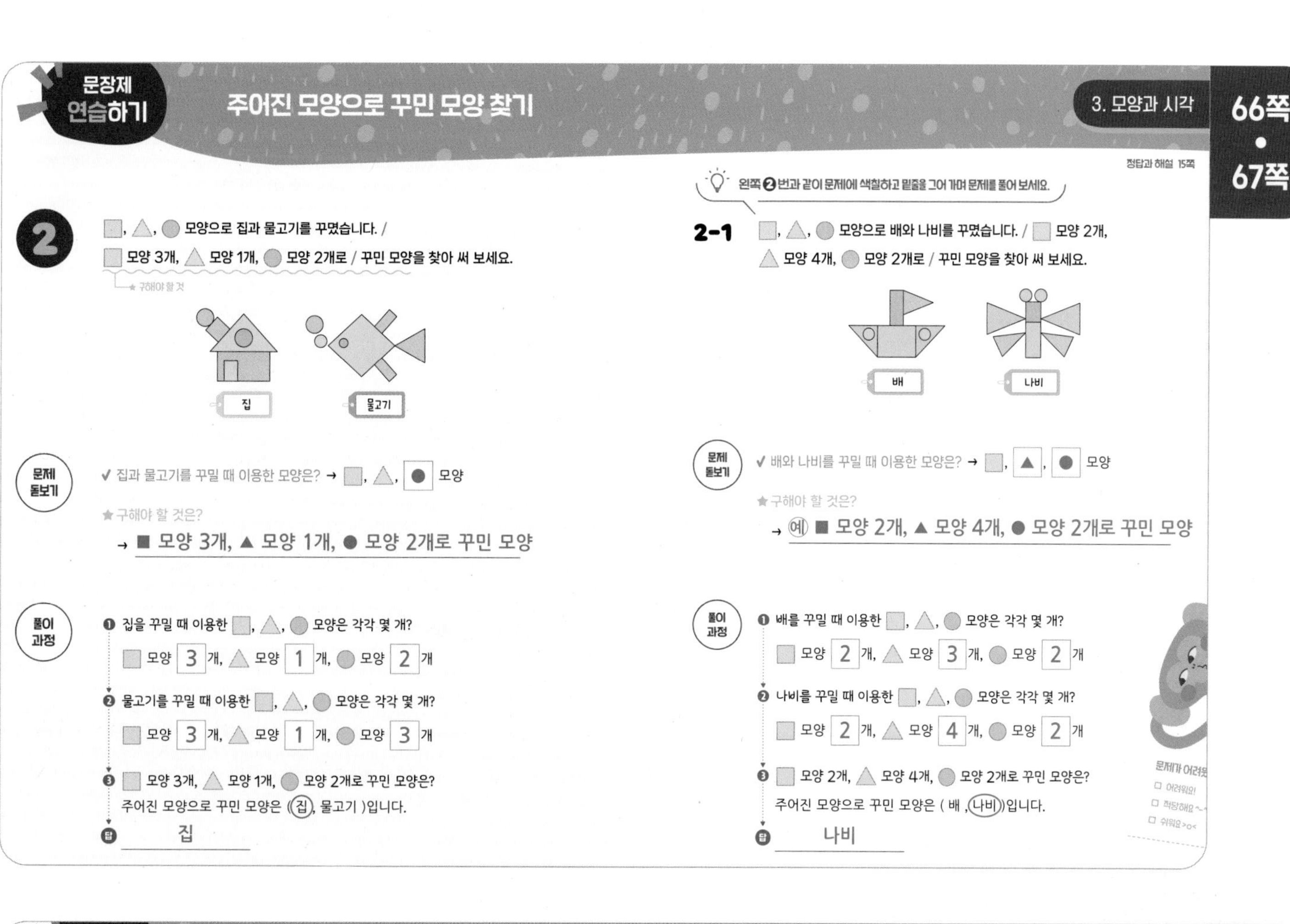

문장제 연습하기

주어진 모양으로 꾸민 모양 찾기

3. 모양과 시각

66쪽 • 67쪽

정답과 해설 15쪽

2 □, △, ○ 모양으로 집과 물고기를 꾸몄습니다. / □ 모양 3개, △ 모양 1개, ○ 모양 2개로 / 꾸민 모양을 찾아 써 보세요.

★ 구해야 할 것

집 물고기

문제 돋보기

✓ 집과 물고기를 꾸밀 때 이용한 모양은? → □, △, ● 모양

★ 구해야 할 것은?

→ ■ 모양 3개, ▲ 모양 1개, ● 모양 2개로 꾸민 모양

풀이 과정

❶ 집을 꾸밀 때 이용한 □, △, ○ 모양은 각각 몇 개?

□ 모양 3 개, △ 모양 1 개, ○ 모양 2 개

❷ 물고기를 꾸밀 때 이용한 □, △, ○ 모양은 각각 몇 개?

□ 모양 3 개, △ 모양 1 개, ○ 모양 3 개

❸ □ 모양 3개, △ 모양 1개, ○ 모양 2개로 꾸민 모양은?

주어진 모양으로 꾸민 모양은 ((집), 물고기)입니다.

답 집

왼쪽 ❷번과 같이 문제에 색칠하고 밑줄을 그어 가며 문제를 풀어 보세요.

2-1 □, △, ○ 모양으로 배와 나비를 꾸몄습니다. / □ 모양 2개, △ 모양 4개, ○ 모양 2개로 / 꾸민 모양을 찾아 써 보세요.

배 나비

문제 돋보기

✓ 배와 나비를 꾸밀 때 이용한 모양은? → □, ▲, ● 모양

★ 구해야 할 것은?

→ 예 ■ 모양 2개, ▲ 모양 4개, ● 모양 2개로 꾸민 모양

풀이 과정

❶ 배를 꾸밀 때 이용한 □, △, ○ 모양은 각각 몇 개?

□ 모양 2 개, △ 모양 3 개, ○ 모양 2 개

❷ 나비를 꾸밀 때 이용한 □, △, ○ 모양은 각각 몇 개?

□ 모양 2 개, △ 모양 4 개, ○ 모양 2 개

❸ □ 모양 2개, △ 모양 4개, ○ 모양 2개로 꾸민 모양은?

주어진 모양으로 꾸민 모양은 (배 ,(나비))입니다.

답 나비

문제가 어려웠나요?

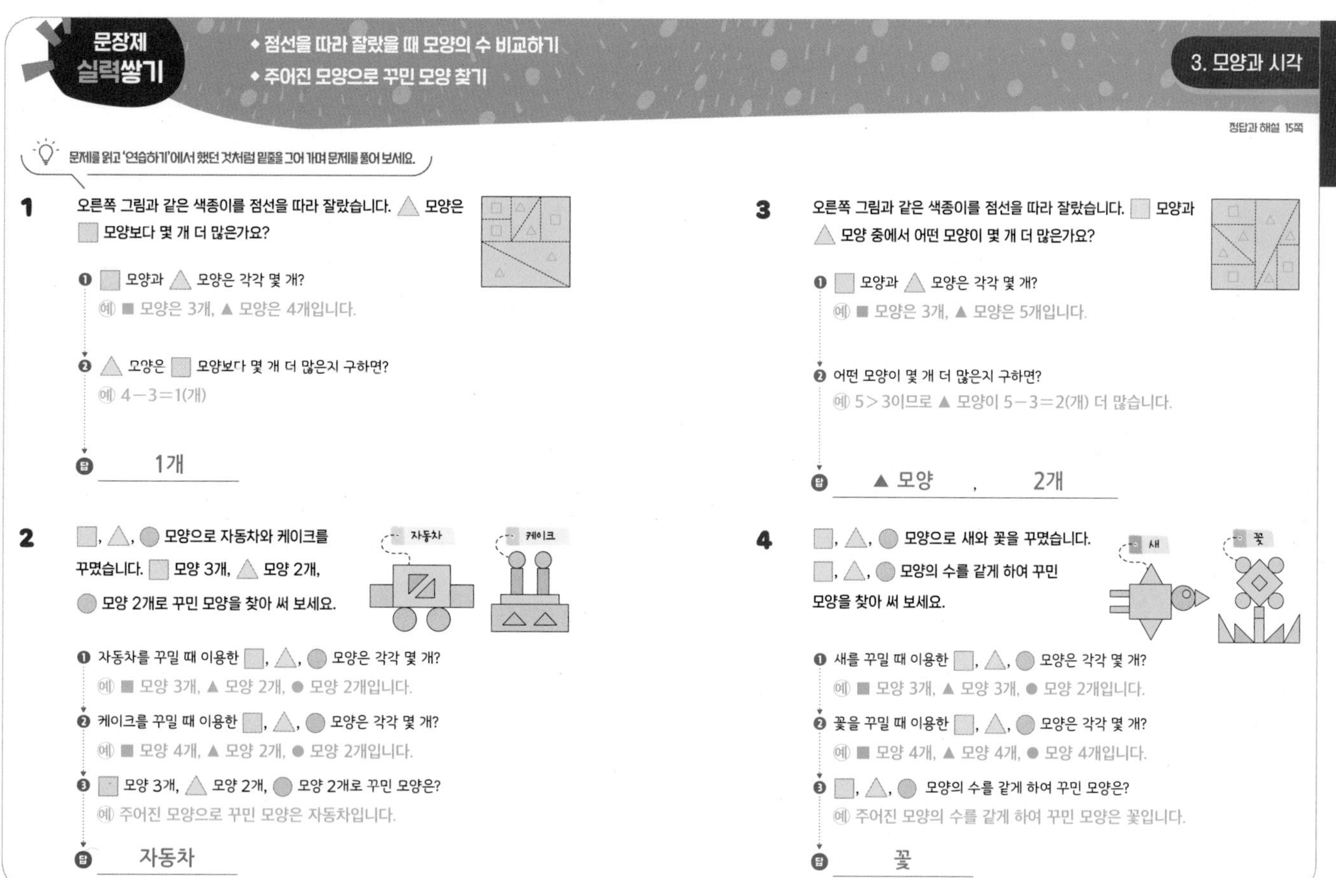

문장제 실력쌓기

- 점선을 따라 잘랐을 때 모양의 수 비교하기
- 주어진 모양으로 꾸민 모양 찾기

3. 모양과 시각

68쪽 • 69쪽

정답과 해설 15쪽

문제를 읽고 '연습하기'에서 했던 것처럼 밑줄을 그어 가며 문제를 풀어 보세요.

1 오른쪽 그림과 같은 색종이를 점선을 따라 잘랐습니다. △ 모양은 □ 모양보다 몇 개 더 많은가요?

❶ □ 모양과 △ 모양은 각각 몇 개?

예 ■ 모양은 3개, ▲ 모양은 4개입니다.

❷ △ 모양은 □ 모양보다 몇 개 더 많은지 구하면?

예 $4-3=1$(개)

답 1개

2 □, △, ○ 모양으로 자동차와 케이크를 꾸몄습니다. □ 모양 3개, △ 모양 2개, ○ 모양 2개로 꾸민 모양을 찾아 써 보세요.

자동차 케이크

❶ 자동차를 꾸밀 때 이용한 □, △, ○ 모양은 각각 몇 개?

예 ■ 모양 3개, ▲ 모양 2개, ● 모양 2개입니다.

❷ 케이크를 꾸밀 때 이용한 □, △, ○ 모양은 각각 몇 개?

예 ■ 모양 4개, ▲ 모양 2개, ● 모양 2개입니다.

❸ □ 모양 3개, △ 모양 2개, ○ 모양 2개로 꾸민 모양은?

예 주어진 모양으로 꾸민 모양은 자동차입니다.

답 자동차

3 오른쪽 그림과 같은 색종이를 점선을 따라 잘랐습니다. □ 모양과 △ 모양 중에서 어떤 모양이 몇 개 더 많은가요?

❶ □ 모양과 △ 모양은 각각 몇 개?

예 ■ 모양은 3개, ▲ 모양은 5개입니다.

❷ 어떤 모양이 몇 개 더 많은지 구하면?

예 $5>3$이므로 ▲ 모양이 $5-3=2$(개) 더 많습니다.

답 ▲ 모양, 2개

4 □, △, ○ 모양으로 새와 꽃을 꾸몄습니다. □, △, ○ 모양의 수를 같게 하여 꾸민 모양을 찾아 써 보세요.

새 꽃

❶ 새를 꾸밀 때 이용한 □, △, ○ 모양은 각각 몇 개?

예 ■ 모양 3개, ▲ 모양 3개, ● 모양 2개입니다.

❷ 꽃을 꾸밀 때 이용한 □, △, ○ 모양은 각각 몇 개?

예 ■ 모양 4개, ▲ 모양 4개, ● 모양 4개입니다.

❸ □, △, ○ 모양의 수를 같게 하여 꾸민 모양은?

예 주어진 모양의 수를 같게 하여 꾸민 모양은 꽃입니다.

답 꽃

더 늦은(빠른) 시각 구하기

정답과 해설 16쪽

1 중기는 시계의 짧은바늘이 8과 9 사이, / 긴바늘이 6을 가리킬 때, / 민유는 시계의 짧은바늘이 8, / 긴바늘이 12를 가리킬 때 / 학교에 도착했습니다. / 학교에 더 빨리 도착한 사람은 누구인가요?

→ 구해야 할 것

문제 돋보기

✔ 중기가 학교에 도착했을 때 시계의 짧은바늘과 긴바늘이 가리킨 곳은?
→ 짧은바늘: 8과 9 사이, 긴바늘: 6

✔ 민유가 학교에 도착했을 때 시계의 짧은바늘과 긴바늘이 가리킨 곳은?
→ 짧은바늘: 8, 긴바늘: 12

★ 구해야 할 것은?
→ 학교에 더 빨리 도착한 사람

풀이 과정

❶ 중기와 민유가 각각 학교에 도착한 시각은?
중기는 8 시 30 분, 민유는 8 시에 학교에 도착했습니다.

❷ 학교에 더 빨리 도착한 사람은?
8 시가 8 시 30 분보다 더 빠른 시각이므로
학교에 더 빨리 도착한 사람은 민유 입니다.

답 민유

왼쪽 ❶번과 같이 문제에 색칠하고 밑줄을 그어 가며 문제를 풀어 보세요.

1-1 인혜는 시계의 짧은바늘이 3과 4 사이 / 긴바늘이 6을 가리킬 때, / 한비는 시계의 짧은바늘이 4, / 긴바늘이 12를 가리킬 때 / 숙제를 끝냈습니다. / 숙제를 더 늦게 끝낸 사람은 누구인가요?

문제 돋보기

✔ 인혜가 숙제를 끝냈을 때 시계의 짧은바늘과 긴바늘이 가리킨 곳은?
→ 짧은바늘: 3과 4 사이, 긴바늘: 6

✔ 한비가 숙제를 끝냈을 때 시계의 짧은바늘과 긴바늘이 가리킨 곳은?
→ 짧은바늘: 4, 긴바늘: 12

★ 구해야 할 것은?
→ 예 숙제를 더 늦게 끝낸 사람

풀이 과정

❶ 인혜와 한비가 각각 숙제를 끝낸 시각은?
인혜는 3 시 30 분, 한비는 4 시에 숙제를 끝냈습니다.

❷ 숙제를 더 늦게 끝낸 사람은?
4 시가 3 시 30 분보다 더 늦은 시각이므로
숙제를 더 늦게 끝낸 사람은 한비 입니다.

답 한비

문제가 어려웠나요? □ 어려워요! □ 적당해요^-^ □ 쉬워요>o<

시계의 긴바늘이 돌았을 때 시계가 가리키는 시각 구하기

정답과 해설 16쪽

2 짧은바늘이 1과 2 사이, / 긴바늘이 6을 가리키는 시계가 있습니다. / 이 시계의 긴바늘이 한 바퀴 돌았을 때, / 시계가 가리키는 시각을 구해 보세요.

→ 구해야 할 것

문제 돋보기

✔ 시계의 짧은바늘과 긴바늘이 가리키는 곳은?
→ 짧은바늘: 1 과 2 사이, 긴바늘: 6

✔ 긴바늘이 한 바퀴 돌면?
→ 긴바늘이 한 바퀴 돌면 짧은바늘이 큰 눈금 1 칸을 움직입니다.

★ 구해야 할 것은?
→ 긴바늘이 한 바퀴 돌았을 때, 시계가 가리키는 시각

풀이 과정

❶ 시계의 긴바늘이 한 바퀴 돌았을 때, 짧은바늘과 긴바늘이 가리키는 곳은?
짧은바늘은 2 와(과) 3 사이, 긴바늘은 6 을(를) 가리킵니다.

❷ 시계의 긴바늘이 한 바퀴 돌았을 때, 시계가 가리키는 시각은?
2 시 30 분입니다.

답 2시 30분

왼쪽 ❷번과 같이 문제에 색칠하고 밑줄을 그어 가며 문제를 풀어 보세요.

2-1 짧은바늘이 7, 긴바늘이 12를 가리키는 시계가 있습니다. / 이 시계의 긴바늘이 반 바퀴 돌았을 때, / 시계가 가리키는 시각을 구해 보세요.

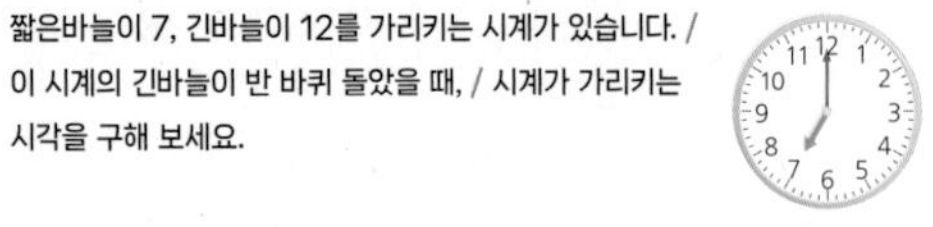

문제 돋보기

✔ 시계의 짧은바늘과 긴바늘이 가리키는 곳은?
→ 짧은바늘: 7, 긴바늘: 12

✔ 긴바늘이 반 바퀴 돌면?
→ 긴바늘이 반 바퀴 돌면 긴바늘이 큰 눈금 6 칸을 움직입니다.

★ 구해야 할 것은?
→ 예 긴바늘이 반 바퀴 돌았을 때, 시계가 가리키는 시각

풀이 과정

❶ 시계의 긴바늘이 반 바퀴 돌았을 때, 짧은바늘과 긴바늘이 가리키는 곳은?
짧은바늘은 7 와(과) 8 사이, 긴바늘은 6 을(를) 가리킵니다.

❷ 시계의 긴바늘이 반 바퀴 돌았을 때, 시계가 가리키는 시각은?
7 시 30 분입니다.

답 7시 30분

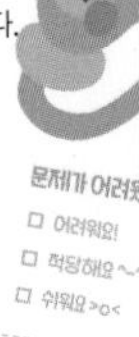

문제가 어려웠나요? □ 어려워요! □ 적당해요^-^ □ 쉬워요>o<

문장제 실력쌓기

◆ 더 늦은(빠른) 시각 구하기
◆ 시계의 긴바늘이 돌았을 때 시계가 가리키는 시각 구하기

정답과 해설 17쪽

문제를 읽고 '연습하기'에서 했던 것처럼 밑줄을 그어 가며 문제를 풀어 보세요.

1 윤지는 시계의 짧은바늘이 9와 10 사이, 긴바늘이 6을 가리킬 때, 주호는 시계의 짧은바늘이 10, 긴바늘이 12를 가리킬 때 잠자리에 들었습니다. 잠자리에 더 빨리 든 사람은 누구인가요?

❶ 윤지와 주호가 각각 잠자리에 든 시각은?
예 윤지는 9시 30분, 주호는 10시에 잠자리에 들었습니다.

❷ 잠자리에 더 빨리 든 사람은?
예 9시 30분이 10시보다 더 빠른 시각이므로 잠자리에 더 빨리 든 사람은 윤지입니다.

답 윤지

2 짧은바늘이 11과 12 사이, 긴바늘이 6을 가리키는 시계가 있습니다. 이 시계의 긴바늘이 한 바퀴 돌았을 때, 시계가 가리키는 시각을 구해 보세요.

❶ 시계의 긴바늘이 한 바퀴 돌았을 때, 짧은바늘과 긴바늘이 가리키는 곳은?
예 짧은바늘은 12와 1 사이, 긴바늘은 6을 가리킵니다.

❷ 시계의 긴바늘이 한 바퀴 돌았을 때, 시계가 가리키는 시각은?
예 12시 30분입니다.

답 12시 30분

3 기차역에서 첫차가 부산행은 시계의 짧은바늘이 5와 6 사이, 긴바늘이 6을 가리킬 때, 광주행은 시계의 짧은바늘이 5, 긴바늘이 12를 가리킬 때, 대전행은 시계의 짧은바늘이 6, 긴바늘이 12를 가리킬 때 출발합니다. 첫차가 가장 늦게 출발하는 기차는 무슨 행인가요?

❶ 부산행, 광주행, 대전행 첫차가 각각 출발하는 시각은?
예 부산행은 5시 30분, 광주행은 5시, 대전행은 6시입니다.

❷ 첫차가 가장 늦게 출발하는 기차는 무슨 행인지 구하면?
예 출발하는 시각을 늦은 시각부터 차례대로 쓰면 6시, 5시 30분, 5시이므로 가장 늦게 출발하는 기차는 대전행입니다.

답 대전행

4 도하는 시계의 짧은바늘이 2, 긴바늘이 12를 가리킬 때 퍼즐을 맞추기 시작하여 긴바늘이 반 바퀴 돌았을 때 다 맞췄습니다. 도하가 퍼즐을 다 맞췄을 때, 시계가 가리키는 시각을 구해 보세요.

❶ 시계의 긴바늘이 반 바퀴 돌았을 때, 짧은바늘과 긴바늘이 가리키는 곳은?
예 짧은바늘은 2와 3 사이, 긴바늘은 6을 가리킵니다.

❷ 도하가 퍼즐을 다 맞췄을 때, 시계가 가리키는 시각은?
예 2시 30분입니다.

답 2시 30분

11일 단원 마무리

공부한 날 월 일

정답과 해설 17쪽

64쪽 점선을 따라 잘랐을 때 모양의 수 비교하기

1 오른쪽 그림과 같은 색종이를 점선을 따라 잘랐습니다. ▲ 모양은 ■ 모양보다 몇 개 더 많은가요?

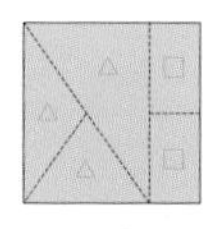

풀이 예 ■ 모양은 2개, ▲ 모양은 3개입니다.
따라서 ▲ 모양은 ■ 모양보다 3−2=1(개) 더 많습니다.

답 1개

64쪽 점선을 따라 잘랐을 때 모양의 수 비교하기

2 오른쪽 그림과 같은 색종이를 점선을 따라 잘랐습니다. ■ 모양은 ▲ 모양보다 몇 개 더 많은가요?

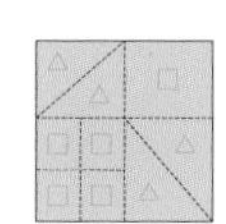

풀이 예 ■ 모양은 5개, ▲ 모양은 4개입니다.
따라서 ■ 모양은 ▲ 모양보다 5−4=1(개) 더 많습니다.

답 1개

70쪽 더 늦은(빠른) 시각 구하기

3 안나는 시계의 짧은바늘이 2와 3 사이, 긴바늘이 6을 가리킬 때, 동생은 시계의 짧은바늘이 3, 긴바늘이 12를 가리킬 때 집에 도착했습니다. 집에 더 빨리 도착한 사람은 누구인가요?

풀이 예 집에 도착한 시각은 안나가 2시 30분, 동생이 3시입니다.
따라서 2시 30분이 3시보다 더 빠른 시각이므로 집에 더 빨리 도착한 사람은 안나입니다.

답 안나

72쪽 시계의 긴바늘이 돌았을 때 시계가 가리키는 시각 구하기

4 짧은바늘이 12와 1 사이, 긴바늘이 6을 가리키는 시계가 있습니다. 이 시계의 긴바늘이 한 바퀴 돌았을 때, 시계가 가리키는 시각을 구해 보세요.

풀이 예 시계의 긴바늘이 한 바퀴 돌면 짧은바늘은 1과 2 사이, 긴바늘은 6을 가리킵니다.
따라서 시계의 긴바늘이 한 바퀴 돌았을 때, 시계가 가리키는 시각은 1시 30분입니다.

답 1시 30분

64쪽 점선을 따라 잘랐을 때 모양의 수 비교하기

5 오른쪽 그림과 같은 색종이를 점선을 따라 잘랐습니다. ■ 모양과 ▲ 모양 중에서 어떤 모양이 몇 개 더 많은가요?

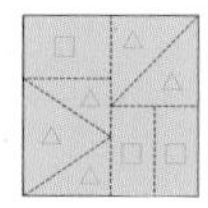

풀이 예 ■ 모양은 3개, ▲ 모양은 5개입니다.
따라서 5>3이므로 ▲ 모양이 5−3=2(개) 더 많습니다.

답 ▲ 모양 , 2개

72쪽 시계의 긴바늘이 돌았을 때 시계가 가리키는 시각 구하기

6 짧은바늘이 9, 긴바늘이 12를 가리키는 시계가 있습니다. 이 시계의 긴바늘이 반 바퀴 돌았을 때, 시계가 가리키는 시각을 구해 보세요.

풀이 예 시계의 긴바늘이 반 바퀴 돌면 짧은바늘은 9와 10 사이, 긴바늘은 6을 가리킵니다.
따라서 시계의 긴바늘이 반 바퀴 돌았을 때, 시계가 가리키는 시각은 9시 30분입니다.

답 9시 30분

66쪽 주어진 모양으로 꾸민 모양 찾기

7 ■, ▲, ● 모양으로 유모차와 우주선을 꾸몄습니다. ■ 모양 3개, ▲ 모양 3개, ● 모양 2개로 꾸민 모양을 찾아 써 보세요.

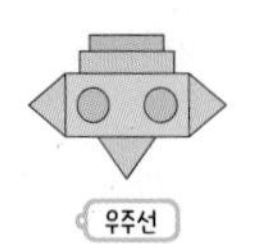

풀이 예 유모차를 꾸밀 때 이용한 모양은 ■ 모양 3개, ▲ 모양 2개, ● 모양 2개입니다.
우주선을 꾸밀 때 이용한 모양은 ■ 모양 3개, ▲ 모양 3개, ● 모양 2개입니다.
따라서 ■ 모양 3개, ▲ 모양 3개, ● 모양 2개로 꾸민 모양은 우주선입니다.

답 우주선

66쪽 주어진 모양으로 꾸민 모양 찾기

8 ■, ▲, ● 모양으로 왕관과 거북을 꾸몄습니다. ■, ▲, ● 모양의 수를 같게 하여 꾸민 모양을 찾아 써 보세요.

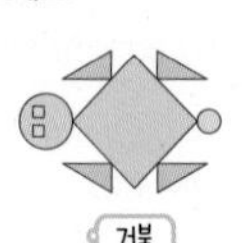

풀이 예 왕관을 꾸밀 때 이용한 모양은 ■ 모양 3개, ▲ 모양 3개, ● 모양 3개입니다.
거북을 꾸밀 때 이용한 모양은 ■ 모양 3개, ▲ 모양 4개, ● 모양 2개입니다.
따라서 ■, ▲, ● 모양의 수를 같게 하여 꾸민 모양은 왕관입니다.

답 왕관

70쪽 더 늦은(빠른) 시각 구하기

9 예준이네 동네에 있는 병원은 시계의 짧은바늘이 6, 긴바늘이 12를 가리킬 때, 꽃집은 시계의 짧은바늘이 7, 긴바늘이 12를 가리킬 때, 문구점은 시계의 짧은바늘이 6과 7 사이, 긴바늘이 6을 가리킬 때 문을 닫습니다. 문을 가장 늦게 닫는 곳은 어디인가요?

풀이 예 병원은 6시, 꽃집은 7시, 문구점은 6시 30분에 문을 닫습니다.
따라서 문을 닫는 시각을 늦은 시각부터 차례대로 쓰면 7시, 6시 30분, 6시이므로 문을 가장 늦게 닫는 곳은 꽃집입니다.

답 꽃집

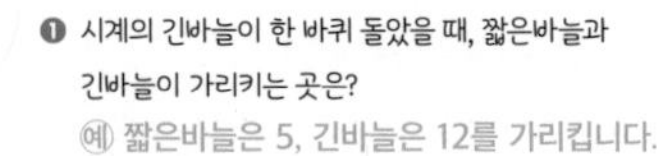

도전문제 **10** 어린이 뮤지컬이 시계의 짧은바늘이 4, 긴바늘이 12를 가리킬 때 시작하여 긴바늘이 한 바퀴 반을 돌았을 때 끝났습니다. 어린이 뮤지컬이 끝났을 때, 시계가 가리키는 시각을 구해 보세요.

❶ 시계의 긴바늘이 한 바퀴 돌았을 때, 짧은바늘과 긴바늘이 가리키는 곳은?
예 짧은바늘은 5, 긴바늘은 12를 가리킵니다.

❷ 위 ❶에서 구한 시각에서 시계의 긴바늘이 반 바퀴 더 돌았을 때, 짧은바늘과 긴바늘이 가리키는 곳은?
예 짧은바늘은 5와 6 사이, 긴바늘은 6을 가리킵니다.

❸ 어린이 뮤지컬이 끝났을 때, 시계가 가리키는 시각은?
예 5시 30분입니다.

답 5시 30분

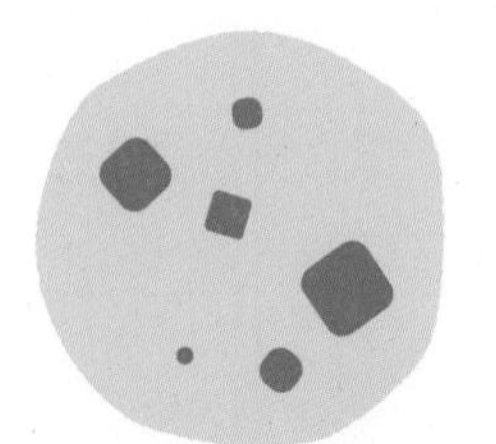

4. 덧셈과 뺄셈(2)

문장제 준비하기

함께 이야기해요!

요리를 만들며 빈칸에 알맞은 수나 기호를 써 보세요.

정답과 해설 19쪽

82쪽 • 83쪽

창고에 있던 밀가루 13봉지 중에서 5봉지를 사용하고

13 (−) [5] = [8] (봉지) 남았어.

흰색 달걀이 8개, 갈색 달걀이 4개니까

달걀은 모두 8 (+) [4] = [12] (개)네.

블루베리는 11개, 딸기는 5개니까

블루베리는 딸기보다

[11] − [5] = [6] (개) 더 많아.

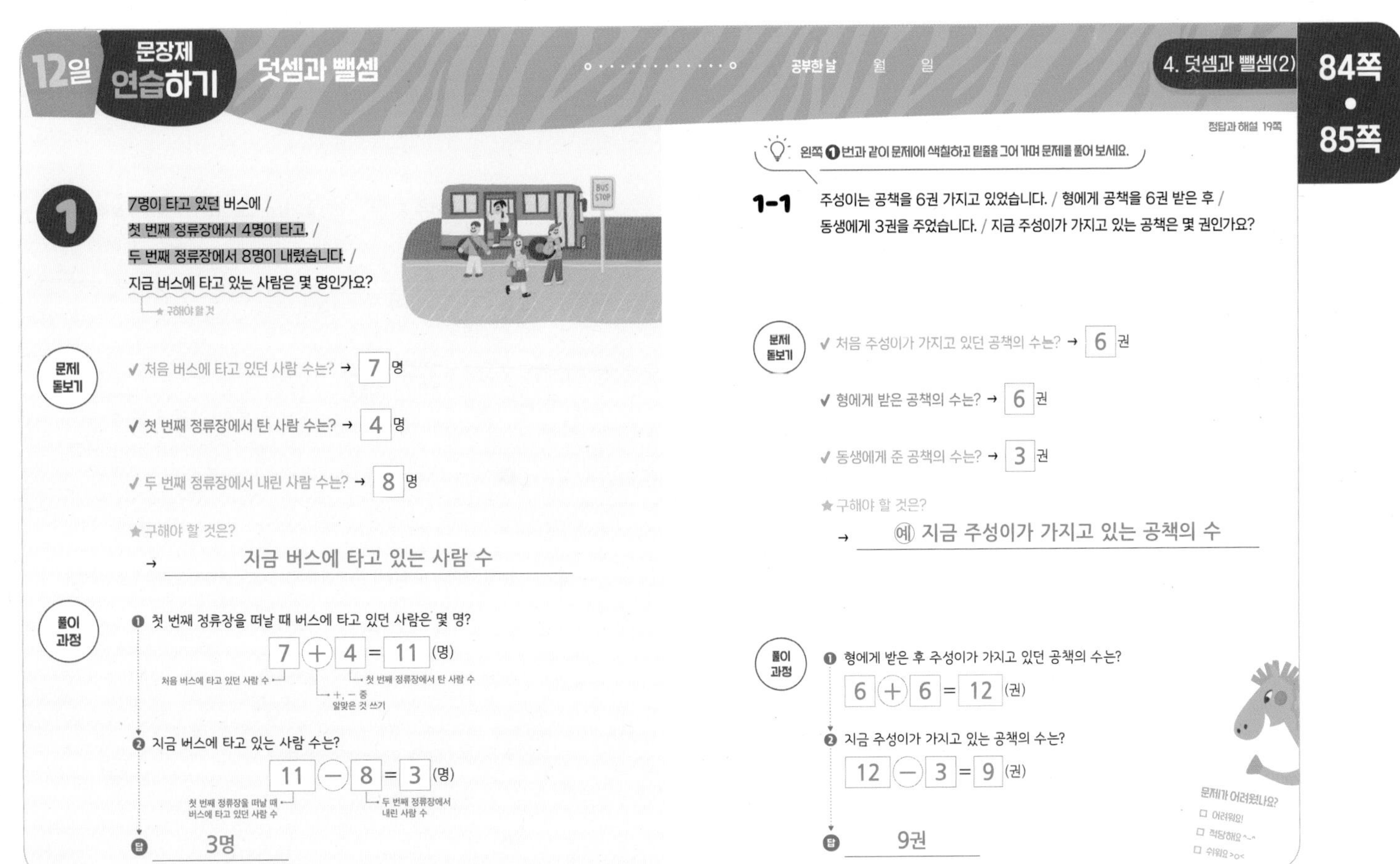

12일 문장제 연습하기 덧셈과 뺄셈

공부한 날 월 일

4. 덧셈과 뺄셈(2)

84쪽 • 85쪽

정답과 해설 19쪽

1 7명이 타고 있던 버스에 / 첫 번째 정류장에서 4명이 타고, / 두 번째 정류장에서 8명이 내렸습니다. / 지금 버스에 타고 있는 사람은 몇 명인가요?

구해야 할 것

문제 돌보기

✔ 처음 버스에 타고 있던 사람 수는? → [7] 명

✔ 첫 번째 정류장에서 탄 사람 수는? → [4] 명

✔ 두 번째 정류장에서 내린 사람 수는? → [8] 명

★ 구해야 할 것은?

→ 지금 버스에 타고 있는 사람 수

풀이 과정

❶ 첫 번째 정류장을 떠날 때 버스에 타고 있던 사람은 몇 명?

[7] (+) [4] = [11] (명)

처음 버스에 타고 있던 사람 수 / 첫 번째 정류장에서 탄 사람 수 / +, − 중 알맞은 것 쓰기

❷ 지금 버스에 타고 있는 사람 수는?

[11] (−) [8] = [3] (명)

첫 번째 정류장을 떠날 때 버스에 타고 있던 사람 수 / 두 번째 정류장에서 내린 사람 수

답 3명

왼쪽 ❶번과 같이 문제에 색칠하고 밑줄을 그어 가며 문제를 풀어 보세요.

1-1 주성이는 공책을 6권 가지고 있었습니다. / 형에게 공책을 6권 받은 후 / 동생에게 3권을 주었습니다. / 지금 주성이가 가지고 있는 공책은 몇 권인가요?

문제 돌보기

✔ 처음 주성이가 가지고 있던 공책의 수는? → [6] 권

✔ 형에게 받은 공책의 수는? → [6] 권

✔ 동생에게 준 공책의 수는? → [3] 권

★ 구해야 할 것은?

→ 예 지금 주성이가 가지고 있는 공책의 수

풀이 과정

❶ 형에게 받은 후 주성이가 가지고 있던 공책의 수는?

[6] (+) [6] = [12] (권)

❷ 지금 주성이가 가지고 있는 공책의 수는?

[12] (−) [3] = [9] (권)

답 9권

문제가 어려웠나요?
□ 어려워요
□ 적당해요
□ 쉬워요

86쪽 • 87쪽

문장제 연습하기

□ 안에 들어갈 수 있는 가장 큰(작은) 수 구하기

정답과 해설 20쪽

2 1부터 9까지의 수 중에서 /
□ 안에 들어갈 수 있는 가장 큰 수를 구해 보세요.
구해야 할 것

$8+\square<13$

★ 구해야 할 것은?
→ □ 안에 들어갈 수 있는 가장 큰 수

✔ $8+\square<13$에서 $<$를 $=$로 바꾸면?
→ $8+\square=13$

❶ $8+\square=13$일 때, □ 안에 알맞은 수는?
$8+\square=13$, $13-8=\square$, $\square=5$

❷ □ 안에 들어갈 수 있는 가장 큰 수는?
□ 안에 들어갈 수 있는 수는 5보다 작은 1, 2, 3, 4이므로 가장 큰 수는 4입니다.

답 4

왼쪽 ❷번과 같이 문제에 색칠하고 밑줄을 그어 가며 문제를 풀어 보세요.

2-1 1부터 9까지의 수 중에서 / □ 안에 들어갈 수 있는 가장 작은 수를 구해 보세요.

$14-\square<7$

★ 구해야 할 것은?
→ 예 □ 안에 들어갈 수 있는 가장 작은 수

✔ $14-\square<7$에서 $<$를 $=$로 바꾸면?
→ $14-\square=7$

❶ $14-\square=7$일 때, □ 안에 알맞은 수는?
$14-\square=7$, $14-7=\square$, $\square=7$

❷ □ 안에 들어갈 수 있는 가장 작은 수는?
□ 안에 들어갈 수 있는 수는 7보다 큰 8, 9이므로 가장 작은 수는 8입니다.

답 8

문제가 어려웠나요?
□ 어려워요!
□ 적당해요^_^
□ 쉬워요>o<

88쪽 • 89쪽

문장제 실력쌓기

◆ 덧셈과 뺄셈
◆ □ 안에 들어갈 수 있는 가장 큰(작은) 수 구하기

정답과 해설 20쪽

문제를 읽고 '연습하기'에서 했던 것처럼 밑줄을 그어 가며 문제를 풀어 보세요.

1 우물 안에 두꺼비가 2마리 있었습니다. 잠시 후 9마리가 우물 안으로 들어왔다가 다시 6마리가 우물 밖으로 나갔습니다. 지금 우물 안에 있는 두꺼비는 몇 마리인가요?

❶ 우물 안으로 들어온 후의 두꺼비의 수는?
예 (처음에 있던 두꺼비의 수)+(우물 안으로 들어온 두꺼비의 수)
$=2+9=11$(마리)

❷ 지금 우물 안에 있는 두꺼비의 수는?
예 (위 ❶의 두꺼비의 수)−(우물 밖으로 나간 두꺼비의 수)
$=11-6=5$(마리)

답 5마리

2 다람쥐가 밤을 13톨 가지고 있었습니다. 오늘 밤을 4톨 먹은 후에 7톨을 다시 주웠습니다. 지금 다람쥐가 가지고 있는 밤은 몇 톨인가요?

❶ 오늘 먹고 난 후 다람쥐가 가지고 있던 밤의 수는?
예 (처음에 가지고 있던 밤의 수)−(오늘 먹은 밤의 수)
$=13-4=9$(톨)

❷ 지금 다람쥐가 가지고 있는 밤의 수는?
예 (위 ❶의 밤의 수)+(다시 주운 밤의 수)
$=9+7=16$(톨)

답 16톨

3 1부터 9까지의 수 중에서 □ 안에 들어갈 수 있는 가장 큰 수를 구해 보세요.

$9+\square<15$

❶ $9+\square=15$일 때, □ 안에 알맞은 수는?
예 $9+\square=15$, $15-9=\square$, $\square=6$

❷ □ 안에 들어갈 수 있는 가장 큰 수는?
예 □ 안에 들어갈 수 있는 수는 6보다 작은 1, 2, 3, 4, 5이므로 가장 큰 수는 5입니다.

답 5

4 1부터 9까지의 수 중에서 □ 안에 들어갈 수 있는 가장 작은 수를 구해 보세요.

$12-\square<8$

❶ $12-\square=8$일 때, □ 안에 알맞은 수는?
예 $12-\square=8$, $12-8=\square$, $\square=4$

❷ □ 안에 들어갈 수 있는 가장 작은 수는?
예 □ 안에 들어갈 수 있는 수는 4보다 큰 5, 6, 7, 8, 9이므로 가장 작은 수는 5입니다.

답 5

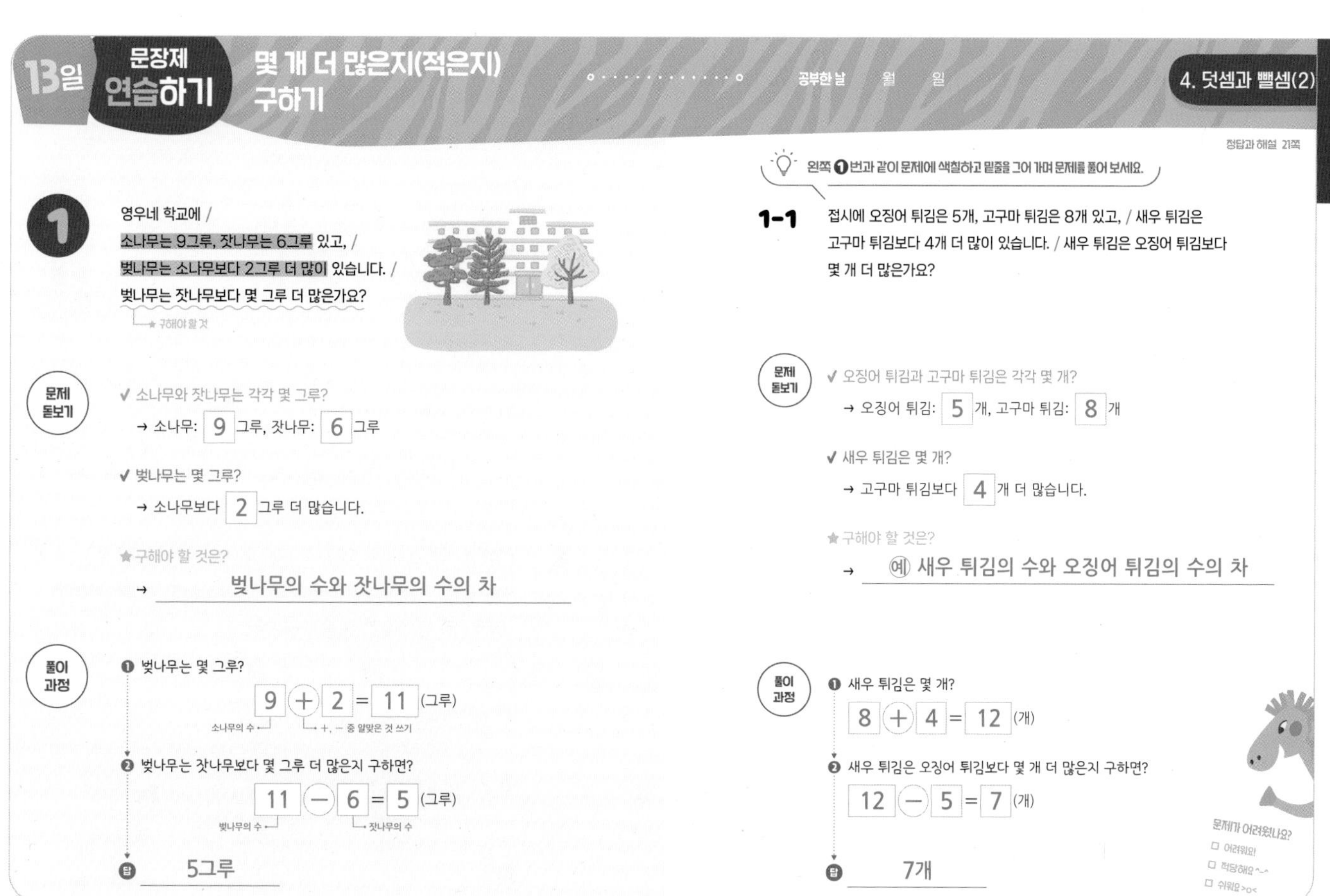

13일 문장제 연습하기 몇 개 더 많은지(적은지) 구하기

공부한 날 월 일

4. 덧셈과 뺄셈(2) 90쪽 • 91쪽

정답과 해설 21쪽

1 영우네 학교에 / 소나무는 9그루, 잣나무는 6그루 있고, / 벚나무는 소나무보다 2그루 더 많이 있습니다. / 벚나무는 잣나무보다 몇 그루 더 많은가요?

★ 구해야 할 것

문제 돋보기

✔ 소나무와 잣나무는 각각 몇 그루?
→ 소나무: 9 그루, 잣나무: 6 그루

✔ 벚나무는 몇 그루?
→ 소나무보다 2 그루 더 많습니다.

★ 구해야 할 것은?
→ 벚나무의 수와 잣나무의 수의 차

풀이 과정

❶ 벚나무는 몇 그루?
9 + 2 = 11 (그루)
(소나무의 수, +, − 중 알맞은 것 쓰기)

❷ 벚나무는 잣나무보다 몇 그루 더 많은지 구하면?
11 − 6 = 5 (그루)
(벚나무의 수, 잣나무의 수)

답 5그루

왼쪽 ❶번과 같이 문제에 색칠하고 밑줄을 그어 가며 문제를 풀어 보세요.

1-1 접시에 오징어 튀김은 5개, 고구마 튀김은 8개 있고, / 새우 튀김은 고구마 튀김보다 4개 더 많이 있습니다. / 새우 튀김은 오징어 튀김보다 몇 개 더 많은가요?

문제 돋보기

✔ 오징어 튀김과 고구마 튀김은 각각 몇 개?
→ 오징어 튀김: 5 개, 고구마 튀김: 8 개

✔ 새우 튀김은 몇 개?
→ 고구마 튀김보다 4 개 더 많습니다.

★ 구해야 할 것은?
→ 예 새우 튀김의 수와 오징어 튀김의 수의 차

풀이 과정

❶ 새우 튀김은 몇 개?
8 + 4 = 12 (개)

❷ 새우 튀김은 오징어 튀김보다 몇 개 더 많은지 구하면?
12 − 5 = 7 (개)

답 7개

문제가 어려웠나요?
□ 어려워요!
□ 적당해요^-^
□ 쉬워요>o<

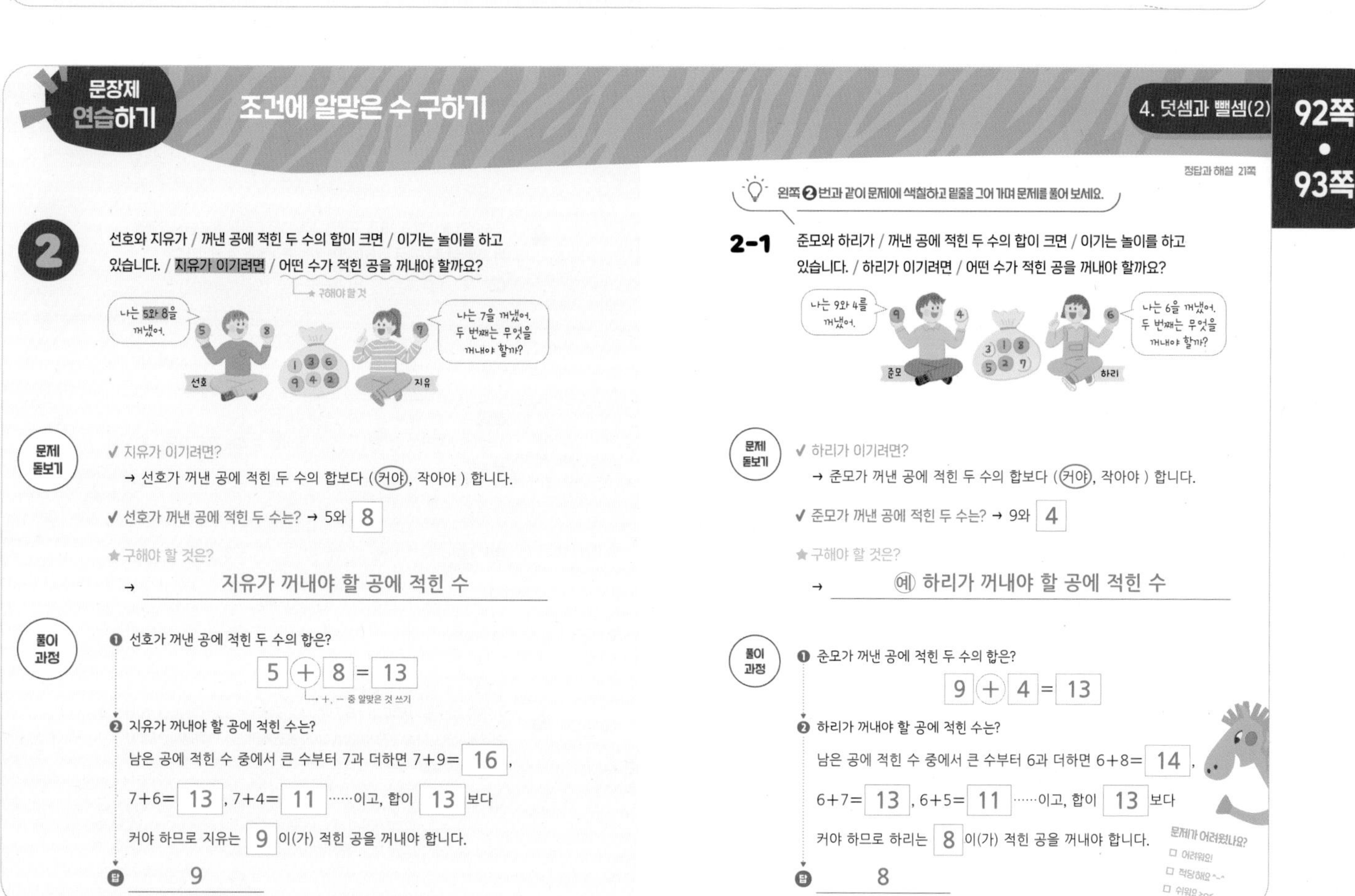

문장제 연습하기 조건에 알맞은 수 구하기

4. 덧셈과 뺄셈(2) 92쪽 • 93쪽

정답과 해설 21쪽

2 선호와 지유가 / 꺼낸 공에 적힌 두 수의 합이 크면 / 이기는 놀이를 하고 있습니다. / 지유가 이기려면 / 어떤 수가 적힌 공을 꺼내야 할까요?

★ 구해야 할 것

문제 돋보기

✔ 지유가 이기려면?
→ 선호가 꺼낸 공에 적힌 두 수의 합보다 (커야, 작아야) 합니다.

✔ 선호가 꺼낸 공에 적힌 두 수는? → 5와 8

★ 구해야 할 것은?
→ 지유가 꺼내야 할 공에 적힌 수

풀이 과정

❶ 선호가 꺼낸 공에 적힌 두 수의 합은?
5 + 8 = 13
(+, − 중 알맞은 것 쓰기)

❷ 지유가 꺼내야 할 공에 적힌 수는?
남은 공에 적힌 수 중에서 큰 수부터 7과 더하면 7+9= 16 , 7+6= 13 , 7+4= 11 ……이고, 합이 13 보다 커야 하므로 지유는 9 이(가) 적힌 공을 꺼내야 합니다.

답 9

왼쪽 ❷번과 같이 문제에 색칠하고 밑줄을 그어 가며 문제를 풀어 보세요.

2-1 준모와 하리가 / 꺼낸 공에 적힌 두 수의 합이 크면 / 이기는 놀이를 하고 있습니다. / 하리가 이기려면 / 어떤 수가 적힌 공을 꺼내야 할까요?

문제 돋보기

✔ 하리가 이기려면?
→ 준모가 꺼낸 공에 적힌 두 수의 합보다 (커야, 작아야) 합니다.

✔ 준모가 꺼낸 공에 적힌 두 수는? → 9와 4

★ 구해야 할 것은?
→ 예 하리가 꺼내야 할 공에 적힌 수

풀이 과정

❶ 준모가 꺼낸 공에 적힌 두 수의 합은?
9 + 4 = 13

❷ 하리가 꺼내야 할 공에 적힌 수는?
남은 공에 적힌 수 중에서 큰 수부터 6과 더하면 6+8= 14 , 6+7= 13 , 6+5= 11 ……이고, 합이 13 보다 커야 하므로 하리는 8 이(가) 적힌 공을 꺼내야 합니다.

답 8

문제가 어려웠나요?
□ 어려워요!
□ 적당해요^-^
□ 쉬워요>o<

문장제 실력쌓기

◆ 몇 개 더 많은지(적은지) 구하기
◆ 조건에 알맞은 수 구하기

정답과 해설 22쪽

문제를 읽고 '연습하기'에서 했던 것처럼 밑줄을 그어 가며 문제를 풀어 보세요.

1 아쟁은 7줄, 거문고는 6줄이고, 가야금은 아쟁보다 5줄 더 많습니다. 가야금은 거문고보다 몇 줄 더 많은가요?

❶ 가야금은 몇 줄?
예 (아쟁의 줄 수)$+5=7+5=12$(줄)

❷ 가야금은 거문고보다 몇 줄 더 많은지 구하면?
예 (가야금의 줄 수)$-$(거문고의 줄 수)$=12-6=6$(줄)

답 6줄

2 턱걸이를 현정이는 13번, 아름이는 16번 했고, 선영이는 아름이보다 9번 더 적게 했습니다. 선영이는 현정이보다 턱걸이를 몇 번 더 적게 했나요?

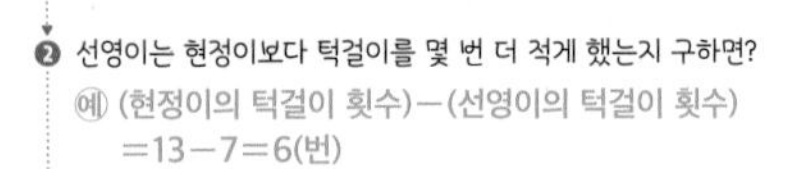

❶ 선영이가 한 턱걸이는 몇 번?
예 (아름이의 턱걸이 횟수)$-9=16-9=7$(번)

❷ 선영이는 현정이보다 턱걸이를 몇 번 더 적게 했는지 구하면?
예 (현정이의 턱걸이 횟수)$-$(선영이의 턱걸이 횟수)
$=13-7=6$(번)

답 6번

3 세진이와 아라가 꺼낸 공에 적힌 두 수의 합이 크면 이기는 놀이를 하고 있습니다. 세진이는 8과 6을 꺼냈고, 아라는 9를 꺼냈습니다. 아라가 이기려면 오른쪽의 남은 공 중에서 어떤 수가 적힌 공을 꺼내야 할까요?

❶ 세진이가 꺼낸 공에 적힌 두 수의 합은?
예 $8+6=14$

❷ 아라가 꺼내야 할 공에 적힌 수는?
예 남은 공에 적힌 수 중에서 큰 수부터 9와 더하면
$9+7=16$, $9+5=14$, $9+4=13$……이고,
합이 14보다 커야 하므로 아라는 7이 적힌 공을 꺼내야 합니다.

답 7

4 재범이와 보민이가 카드에 적힌 두 수의 차가 큰 사람이 이기는 놀이를 하고 있습니다. 재범이는 17과 9를 골랐고, 보민이는 11을 골랐습니다. 보민이가 이기려면 다음 중 어떤 수가 적힌 카드를 골라야 할까요?

6 2 3 8 7 5

❶ 재범이가 고른 카드에 적힌 두 수의 차는?
예 $17-9=8$

❷ 보민이가 골라야 할 카드에 적힌 수는?
예 남은 카드에 적힌 수 중에서 작은 수부터 11에서 빼면
$11-2=9$, $11-3=8$, $11-5=6$……이고,
차가 8보다 커야 하므로 보민이는 2가 적힌 카드를 골라야 합니다.

답 2

14일 단원 마무리

공부한 날 월 일

정답과 해설 22쪽

84쪽 덧셈과 뺄셈

1 경록이는 딱지를 9장 가지고 있었습니다. 딱지치기를 하여 4장을 잃은 후 8장을 더 접었습니다. 지금 경록이가 가지고 있는 딱지는 몇 장인가요?

풀이 예 (딱지를 잃은 후 경록이가 가지고 있던 딱지의 수)
$=9-4=5$(장)
⇨ (지금 경록이가 가지고 있는 딱지의 수)
$=5+8=13$(장)

답 13장

84쪽 덧셈과 뺄셈

2 책꽂이에 책이 7권 꽂혀 있었습니다. 잠시 후 승주가 5권을 꽂았더니 언니가 4권을 가져갔습니다. 지금 책꽂이에 꽂혀 있는 책은 몇 권인가요?

풀이 예 (승주가 꽂은 후 책꽂이에 꽂혀 있던 책의 수)
$=7+5=12$(권)
⇨ (지금 책꽂이에 꽂혀 있는 책의 수)$=12-4=8$(권)

답 8권

86쪽 □ 안에 들어갈 수 있는 가장 큰(작은) 수 구하기

3 1부터 9까지의 수 중에서 □ 안에 들어갈 수 있는 가장 큰 수를 구해 보세요.

$6+\square<13$

풀이 예 $6+\square=13$일 때, $13-6=\square$, $\square=7$입니다.
따라서 □ 안에 들어갈 수 있는 수는 7보다 작은 1, 2, 3, 4, 5, 6이므로 가장 큰 수는 6입니다.

답 6

84쪽 덧셈과 뺄셈

4 다솜이가 붕어빵을 15개 구웠습니다. 그중 6개를 먹고 다시 2개를 더 구웠습니다. 지금 다솜이에게 있는 붕어빵은 몇 개인가요?

풀이 예 (먹은 후 남은 붕어빵의 수)$=15-6=9$(개)
⇨ (지금 다솜이에게 있는 붕어빵의 수)$=9+2=11$(개)

답 11개

86쪽 □ 안에 들어갈 수 있는 가장 큰(작은) 수 구하기

5 1부터 9까지의 수 중에서 □ 안에 들어갈 수 있는 가장 작은 수를 구해 보세요.

$11-\square<7$

풀이 예 $11-\square=7$일 때, $11-7=\square$, $\square=4$입니다.
따라서 □ 안에 들어갈 수 있는 수는 4보다 큰 5, 6, 7, 8, 9이므로 가장 작은 수는 5입니다.

답 5

90쪽 몇 개 더 많은지(적은지) 구하기

6 가게에 있는 딸기케이크는 6조각, 치즈케이크는 5조각이고, 초코케이크는 치즈케이크보다 9조각 더 많습니다. 초코케이크는 딸기케이크보다 몇 조각 더 많은가요?

풀이 예 (초코케이크의 수)$=5+9=14$(조각)
⇨ (초코케이크의 수)$-$(딸기케이크의 수)
$=14-6=8$(조각)

답 8조각

90쪽 몇 개 더 많은지(적은지) 구하기

7 떡집에 꿀떡은 17팩, 인절미는 18팩 있고, 송편은 인절미보다 9팩 더 적게 있습니다. 송편은 꿀떡보다 몇 팩 더 적게 있나요?

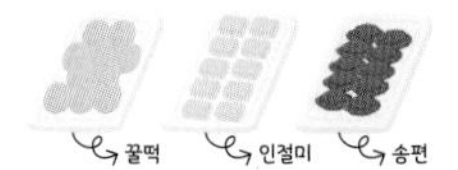

풀이 예) (송편의 수)$=18-9=9$(팩)
⇨ (꿀떡의 수)$-$(송편의 수)$=17-9=8$(팩)

답 8팩

92쪽 조건에 알맞은 수 구하기

8 예성이와 고은이가 꺼낸 공에 적힌 두 수의 합이 크면 이기는 놀이를 하고 있습니다. 고은이가 이기려면 어떤 수가 적힌 공을 꺼내야 할까요?

나는 6과 7을 꺼냈어.
나는 5를 꺼냈어. 두 번째는 무엇을 꺼내야 할까?
예성
고은

풀이 예) 예성이가 꺼낸 공에 적힌 두 수의 합은 $6+7=13$입니다.
따라서 남은 공에 적힌 수 중에서 큰 수부터 5와 더하면
$5+9=14$, $5+8=13$, $5+4=9$……이고,
합이 13보다 커야 하므로 고은이는 9가 적힌 공을 꺼내야 합니다.

답 9

92쪽 조건에 알맞은 수 구하기

9 재명이와 연준이가 카드에 적힌 두 수의 차가 큰 사람이 이기는 놀이를 하고 있습니다. 재명이는 16과 8을 골랐고, 연준이는 13을 골랐습니다. 연준이가 이기려면 다음 중 어떤 수가 적힌 카드를 골라야 할까요?

6 7 9 5 4

풀이 예) 재명이가 고른 카드에 적힌 두 수의 차는 $16-8=8$입니다.
따라서 남은 카드에 적힌 수 중에서 작은 수부터 13에서 빼면
$13-4=9$, $13-5=8$, $13-6=7$, …이고,
차가 8보다 커야 하므로 연준이는 4가 적힌 카드를 골라야 합니다.

답 4

90쪽 몇 개 더 많은지(적은지) 구하기

도전문제 **10** 빈우, 태형, 서정이가 운동장을 달렸습니다. 빈우는 9바퀴 달렸고, 태형이는 빈우보다 6바퀴 더 많이 달렸습니다. 서정이는 태형이보다 7바퀴 더 적게 달렸을 때, 서정이는 빈우보다 몇 바퀴 더 적게 달렸나요?

❶ 태형이가 몇 바퀴 달렸는지 구하면?
예) (빈우가 달린 바퀴 수)$+6=9+6=15$(바퀴)

❷ 서정이가 몇 바퀴 달렸는지 구하면?
예) (태형이가 달린 바퀴 수)$-7=15-7=8$(바퀴)

❸ 서정이는 빈우보다 몇 바퀴 더 적게 달렸는지 구하면?
예) (빈우가 달린 바퀴 수)$-$(서정이가 달린 바퀴 수)
$=9-8=1$(바퀴)

답 1바퀴

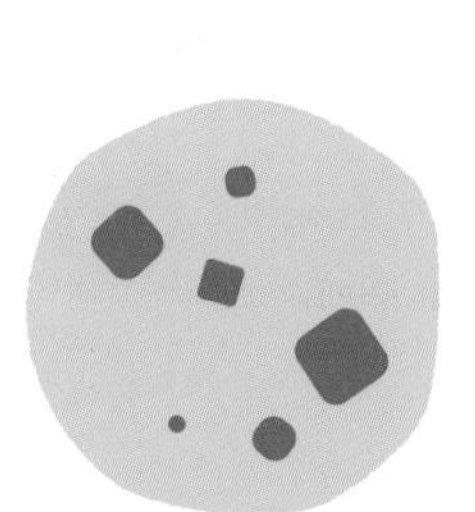

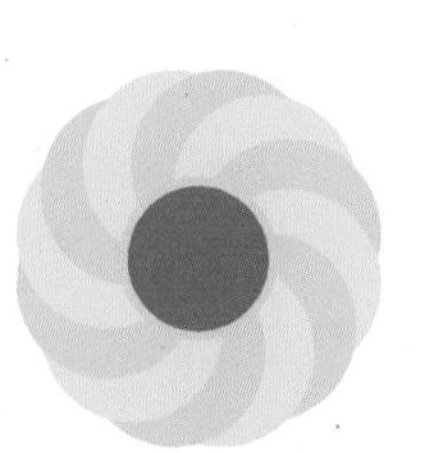

5. 규칙 찾기

102쪽 • 103쪽

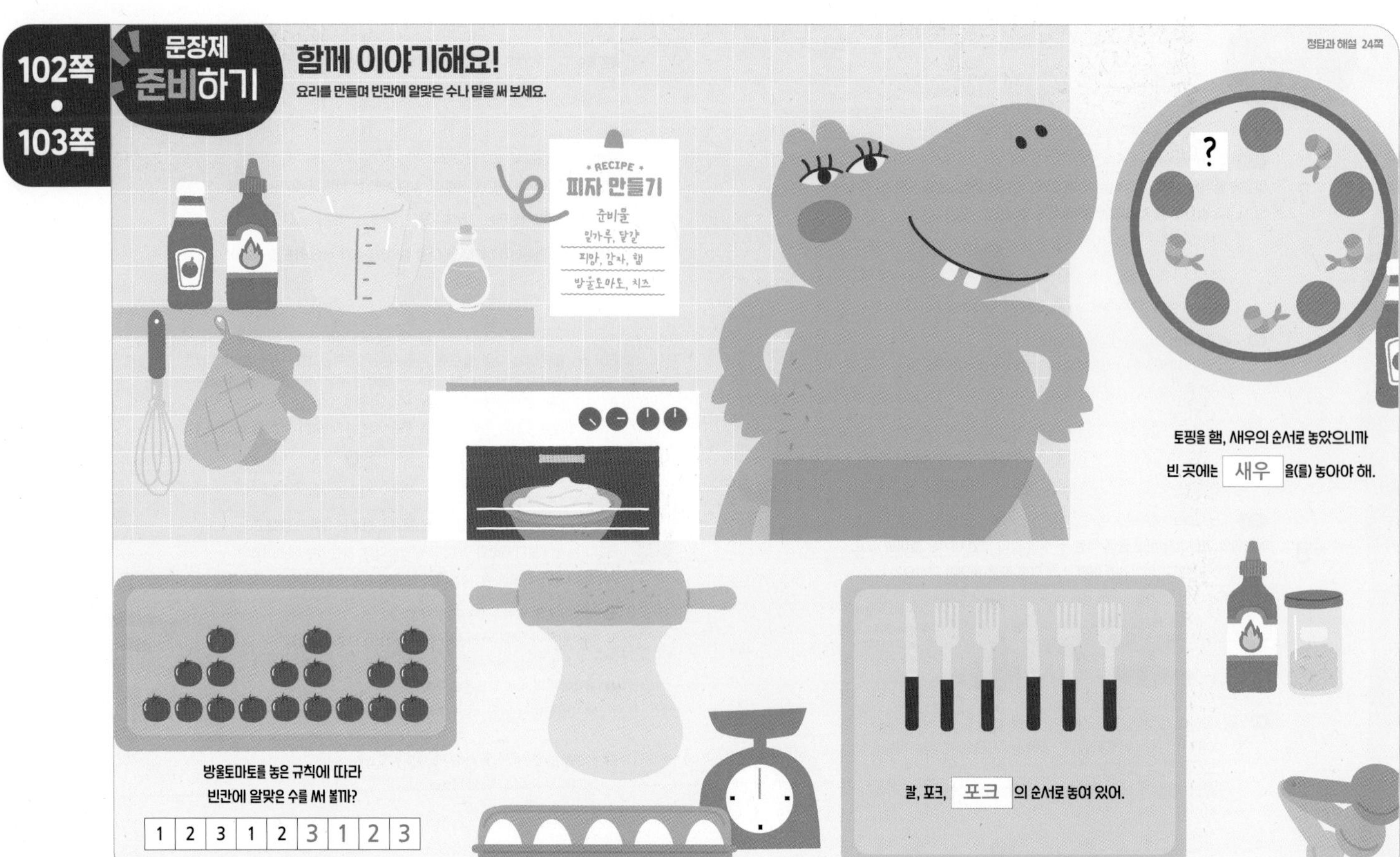

문장제 준비하기
함께 이야기해요!
요리를 만들며 빈칸에 알맞은 수나 말을 써 보세요.
정답과 해설 24쪽
RECIPE
피자 만들기
토핑을 햄, 새우의 순서로 놓았으니까
빈 곳에는 새우 을(를) 놓아야 해.
방울토마토를 놓은 규칙에 따라
빈칸에 알맞은 수를 써 볼까?
1 2 3 1 2 3 1 2 3
칼, 포크, 포크 의 순서로 놓여 있어.

104쪽 • 105쪽

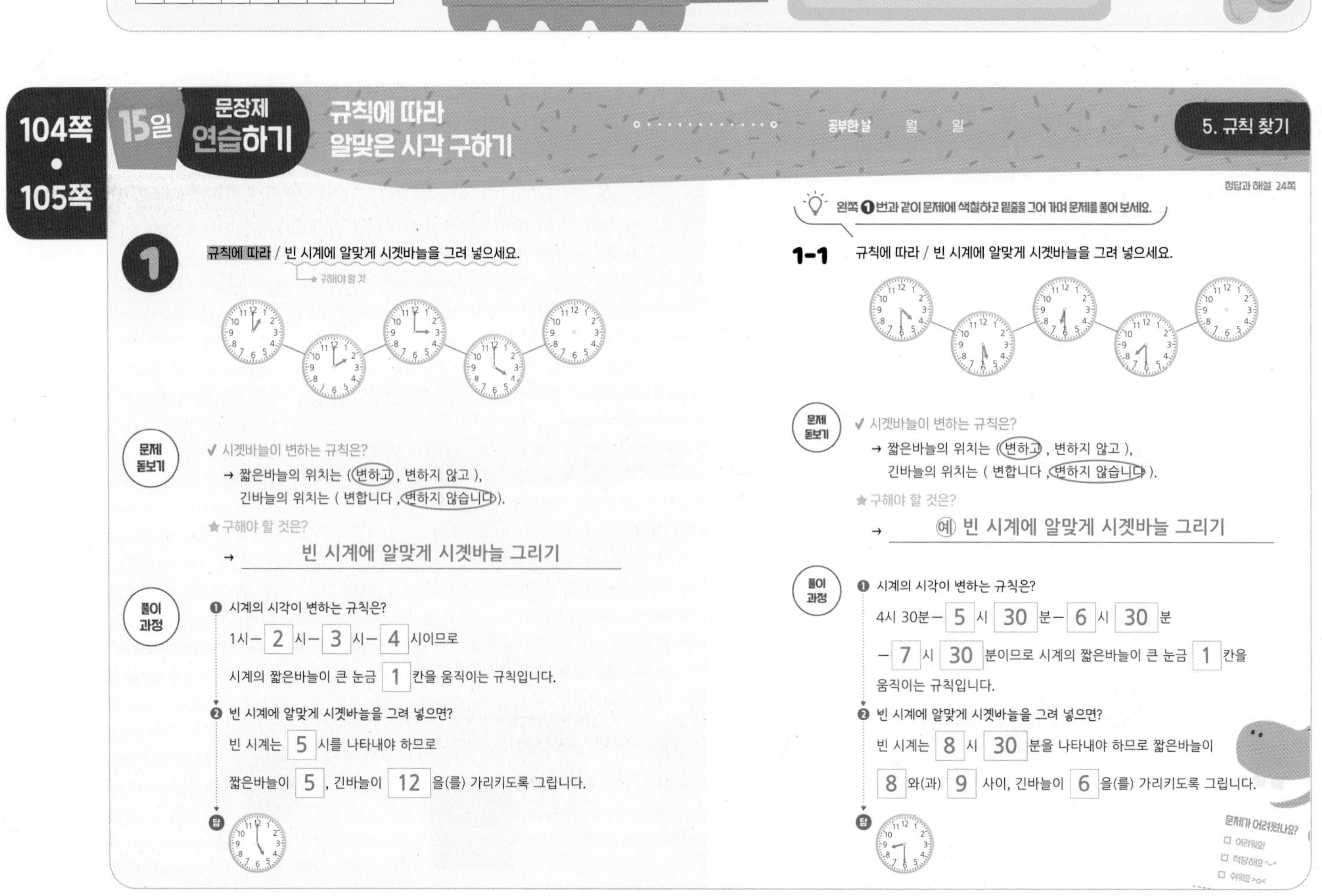

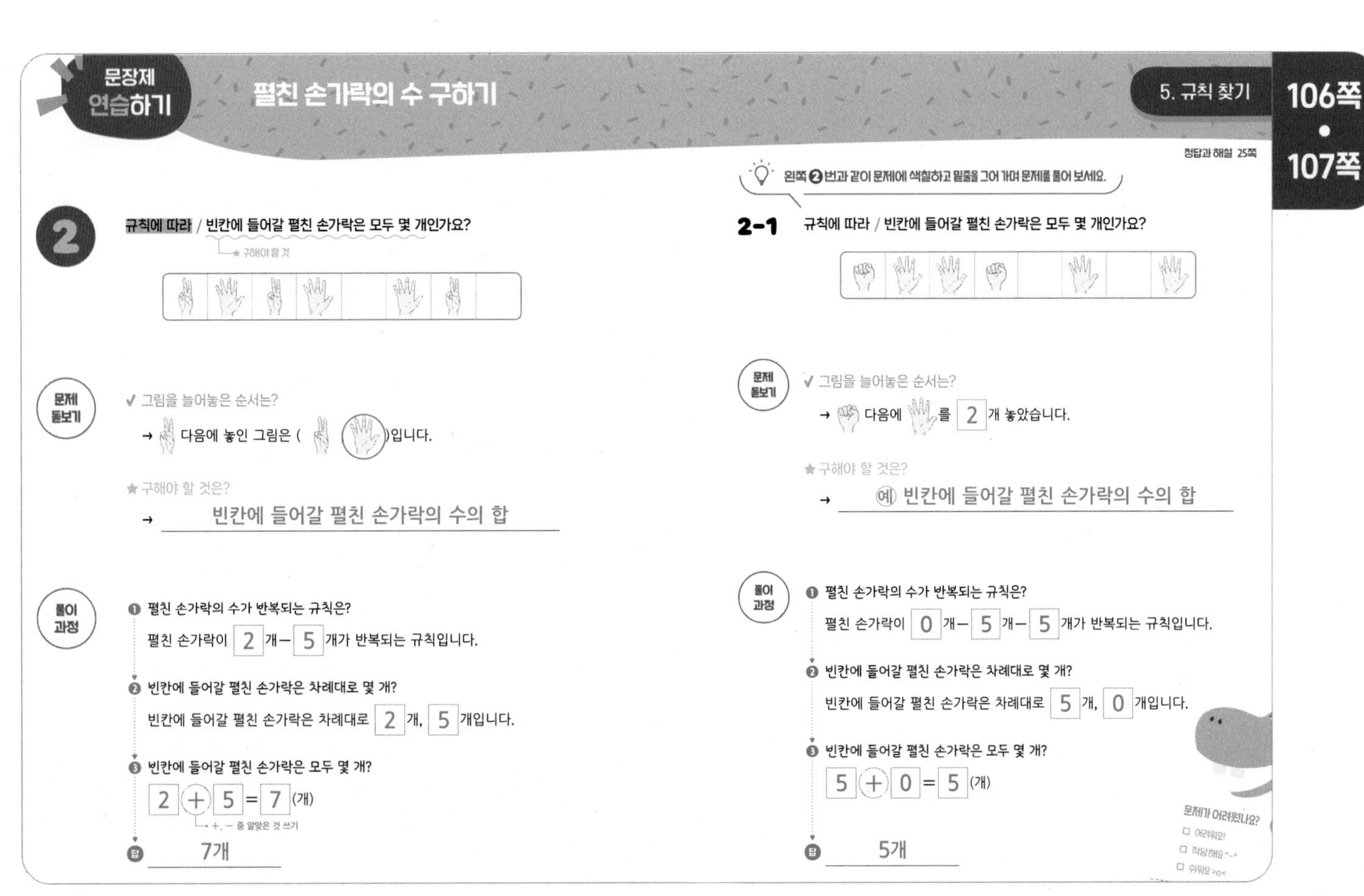

문장제 연습하기 펼친 손가락의 수 구하기

5. 규칙 찾기

106쪽 • 107쪽

정답과 해설 25쪽

2 규칙에 따라 / 빈칸에 들어갈 펼친 손가락은 모두 몇 개인가요?

구해야 할 것

문제 돌보기

✔ 그림을 늘어놓은 순서는?

→ 다음에 놓인 그림은 ( )입니다.

★ 구해야 할 것은?

→ 빈칸에 들어갈 펼친 손가락의 수의 합

풀이 과정

❶ 펼친 손가락의 수가 반복되는 규칙은?

펼친 손가락이 2 개－ 5 개가 반복되는 규칙입니다.

❷ 빈칸에 들어갈 펼친 손가락은 차례대로 몇 개?

빈칸에 들어갈 펼친 손가락은 차례대로 2 개, 5 개입니다.

❸ 빈칸에 들어갈 펼친 손가락은 모두 몇 개?

2 (+) 5 = 7 (개)

+, － 중 알맞은 것 쓰기

답 7개

왼쪽 ❷번과 같이 문제에 색칠하고 밑줄을 그어 가며 문제를 풀어 보세요.

2-1 규칙에 따라 / 빈칸에 들어갈 펼친 손가락은 모두 몇 개인가요?

문제 돌보기

✔ 그림을 늘어놓은 순서는?

→ 다음에 를 2 개 놓았습니다.

★ 구해야 할 것은?

→ 예 빈칸에 들어갈 펼친 손가락의 수의 합

풀이 과정

❶ 펼친 손가락의 수가 반복되는 규칙은?

펼친 손가락이 0 개－ 5 개－ 5 개가 반복되는 규칙입니다.

❷ 빈칸에 들어갈 펼친 손가락은 차례대로 몇 개?

빈칸에 들어갈 펼친 손가락은 차례대로 5 개, 0 개입니다.

❸ 빈칸에 들어갈 펼친 손가락은 모두 몇 개?

5 (+) 0 = 5 (개)

답 5개

문제가 어려웠나요?

□ 어려워요!

□ 적당해요

□ 쉬워요

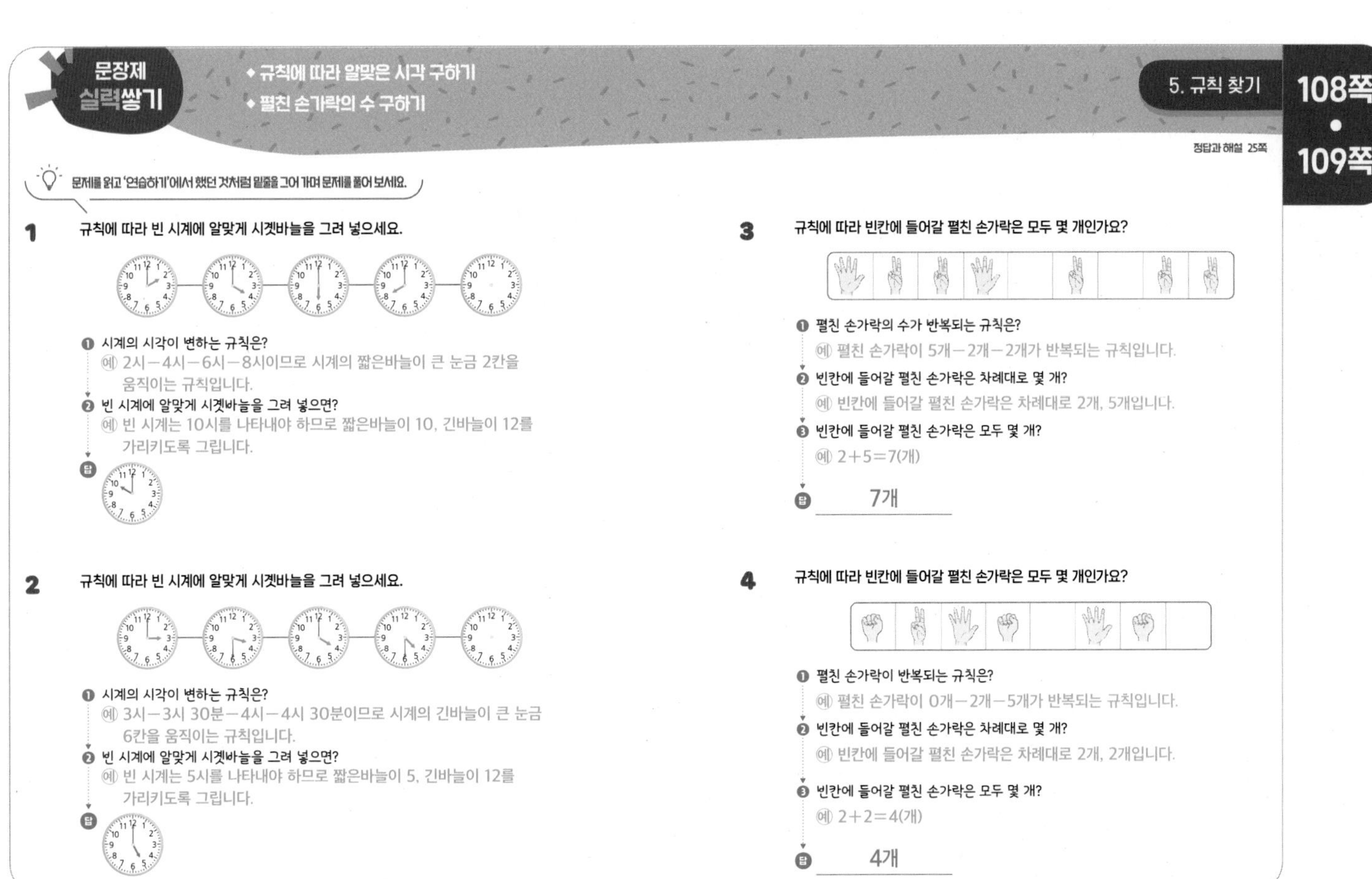

문장제 실력쌓기

◆ 규칙에 따라 알맞은 시각 구하기

◆ 펼친 손가락의 수 구하기

5. 규칙 찾기

108쪽 • 109쪽

정답과 해설 25쪽

문제를 읽고 '연습하기'에서 했던 것처럼 밑줄을 그어 가며 문제를 풀어 보세요.

1 규칙에 따라 빈 시계에 알맞게 시곗바늘을 그려 넣으세요.

❶ 시계의 시각이 변하는 규칙은?

예 2시－4시－6시－8시이므로 시계의 짧은바늘이 큰 눈금 2칸을 움직이는 규칙입니다.

❷ 빈 시계에 알맞게 시곗바늘을 그려 넣으면?

예 빈 시계는 10시를 나타내야 하므로 짧은바늘이 10, 긴바늘이 12를 가리키도록 그립니다.

답

2 규칙에 따라 빈 시계에 알맞게 시곗바늘을 그려 넣으세요.

❶ 시계의 시각이 변하는 규칙은?

예 3시－3시 30분－4시－4시 30분이므로 시계의 긴바늘이 큰 눈금 6칸을 움직이는 규칙입니다.

❷ 빈 시계에 알맞게 시곗바늘을 그려 넣으면?

예 빈 시계는 5시를 나타내야 하므로 짧은바늘이 5, 긴바늘이 12를 가리키도록 그립니다.

답

3 규칙에 따라 빈칸에 들어갈 펼친 손가락은 모두 몇 개인가요?

❶ 펼친 손가락의 수가 반복되는 규칙은?

예 펼친 손가락이 5개－2개－2개가 반복되는 규칙입니다.

❷ 빈칸에 들어갈 펼친 손가락은 차례대로 몇 개?

예 빈칸에 들어갈 펼친 손가락은 차례대로 2개, 5개입니다.

❸ 빈칸에 들어갈 펼친 손가락은 모두 몇 개?

예 2+5=7(개)

답 7개

4 규칙에 따라 빈칸에 들어갈 펼친 손가락은 모두 몇 개인가요?

❶ 펼친 손가락이 반복되는 규칙은?

예 펼친 손가락이 0개－2개－5개가 반복되는 규칙입니다.

❷ 빈칸에 들어갈 펼친 손가락은 차례대로 몇 개?

예 빈칸에 들어갈 펼친 손가락은 차례대로 2개, 2개입니다.

❸ 빈칸에 들어갈 펼친 손가락은 모두 몇 개?

예 2+2=4(개)

답 4개

110쪽 • 111쪽

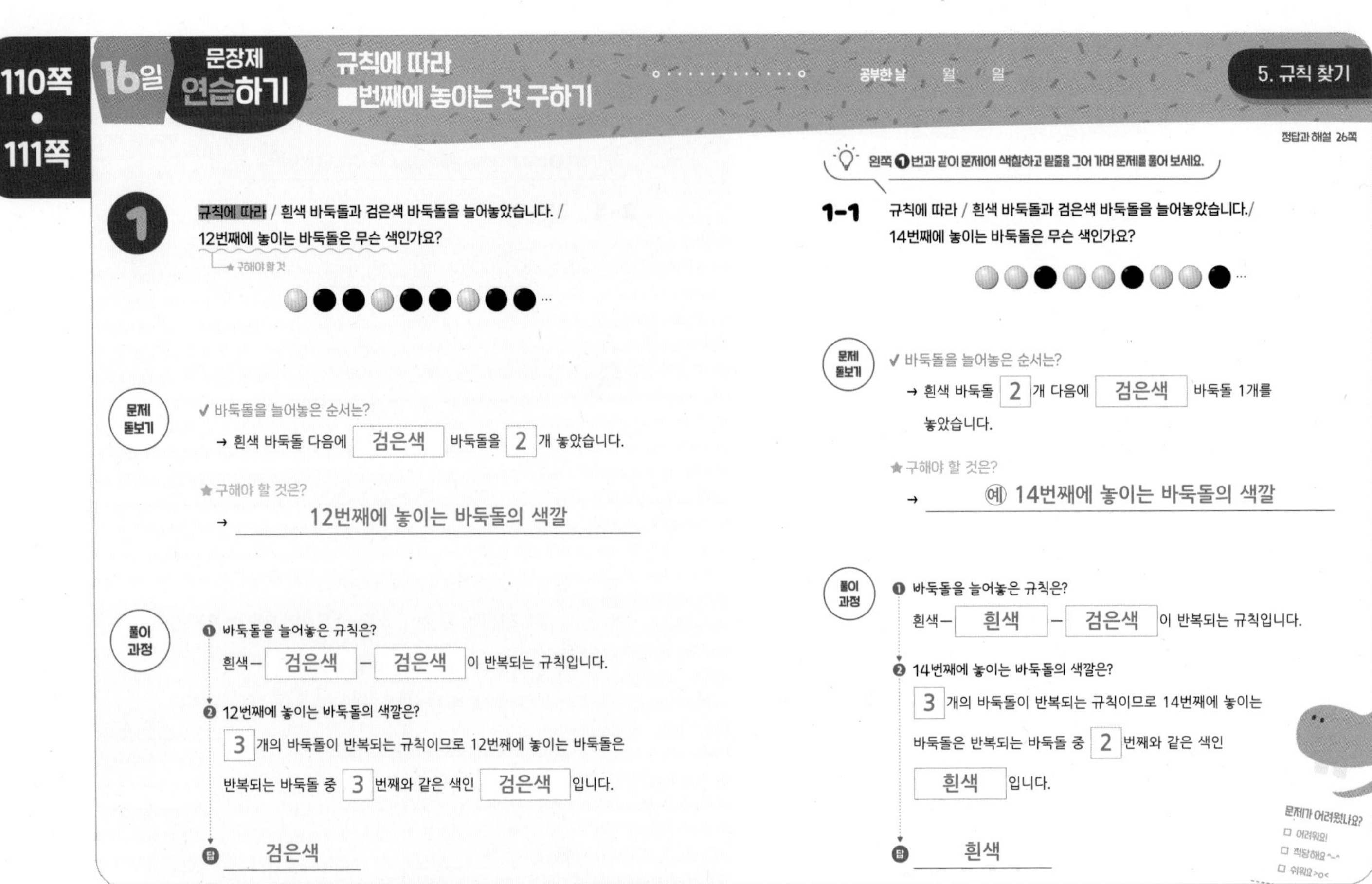

16일 문장제 연습하기

규칙에 따라 ■번째에 놓이는 것 구하기

공부한 날 월 일

5. 규칙 찾기

정답과 해설 26쪽

1 규칙에 따라 / 흰색 바둑돌과 검은색 바둑돌을 늘어놓았습니다. / 12번째에 놓이는 바둑돌은 무슨 색인가요?

→ 구해야 할 것

●●●●●●●●●…

문제 돋보기

✓ 바둑돌을 늘어놓은 순서는?

→ 흰색 바둑돌 다음에 [검은색] 바둑돌을 [2] 개 놓았습니다.

★ 구해야 할 것은?

→ 12번째에 놓이는 바둑돌의 색깔

풀이 과정

❶ 바둑돌을 늘어놓은 규칙은?

흰색 − [검은색] − [검은색] 이 반복되는 규칙입니다.

❷ 12번째에 놓이는 바둑돌의 색깔은?

[3] 개의 바둑돌이 반복되는 규칙이므로 12번째에 놓이는 바둑돌은 반복되는 바둑돌 중 [3] 번째와 같은 색인 [검은색] 입니다.

답 검은색

왼쪽 ❶번과 같이 문제에 색칠하고 밑줄을 그어 가며 문제를 풀어 보세요.

1-1 규칙에 따라 / 흰색 바둑돌과 검은색 바둑돌을 늘어놓았습니다./ 14번째에 놓이는 바둑돌은 무슨 색인가요?

●●●●●●●●●…

문제 돋보기

✓ 바둑돌을 늘어놓은 순서는?

→ 흰색 바둑돌 [2] 개 다음에 [검은색] 바둑돌 1개를 놓았습니다.

★ 구해야 할 것은?

→ 예 14번째에 놓이는 바둑돌의 색깔

풀이 과정

❶ 바둑돌을 늘어놓은 규칙은?

흰색 − [흰색] − [검은색] 이 반복되는 규칙입니다.

❷ 14번째에 놓이는 바둑돌의 색깔은?

[3] 개의 바둑돌이 반복되는 규칙이므로 14번째에 놓이는 바둑돌은 반복되는 바둑돌 중 [2] 번째와 같은 색인 [흰색] 입니다.

답 흰색

문제가 어려웠나요?
□ 어려워요!
□ 적당해요^_^
□ 쉬워요>o<

112쪽 • 113쪽

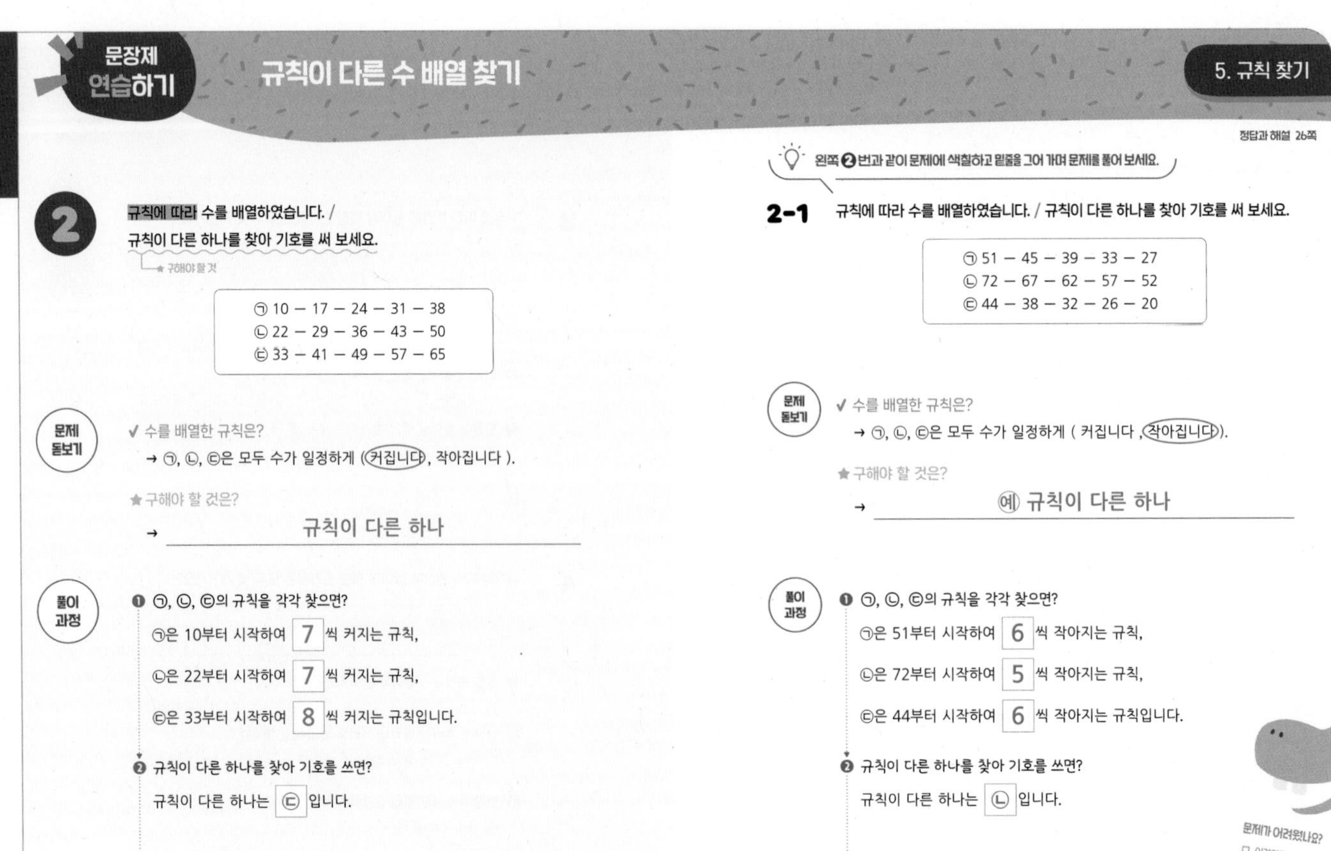

문장제 연습하기

규칙이 다른 수 배열 찾기

5. 규칙 찾기

정답과 해설 26쪽

2 규칙에 따라 수를 배열하였습니다. / 규칙이 다른 하나를 찾아 기호를 써 보세요.

→ 구해야 할 것

㉠ 10 − 17 − 24 − 31 − 38
㉡ 22 − 29 − 36 − 43 − 50
㉢ 33 − 41 − 49 − 57 − 65

문제 돋보기

✓ 수를 배열한 규칙은?

→ ㉠, ㉡, ㉢은 모두 수가 일정하게 (커집니다, 작아집니다).

★ 구해야 할 것은?

→ 규칙이 다른 하나

풀이 과정

❶ ㉠, ㉡, ㉢의 규칙을 각각 찾으면?

㉠은 10부터 시작하여 [7] 씩 커지는 규칙,

㉡은 22부터 시작하여 [7] 씩 커지는 규칙,

㉢은 33부터 시작하여 [8] 씩 커지는 규칙입니다.

❷ 규칙이 다른 하나를 찾아 기호를 쓰면?

규칙이 다른 하나는 [㉢] 입니다.

답 ㉢

왼쪽 ❷번과 같이 문제에 색칠하고 밑줄을 그어 가며 문제를 풀어 보세요.

2-1 규칙에 따라 수를 배열하였습니다. / 규칙이 다른 하나를 찾아 기호를 써 보세요.

㉠ 51 − 45 − 39 − 33 − 27
㉡ 72 − 67 − 62 − 57 − 52
㉢ 44 − 38 − 32 − 26 − 20

문제 돋보기

✓ 수를 배열한 규칙은?

→ ㉠, ㉡, ㉢은 모두 수가 일정하게 (커집니다 ,작아집니다).

★ 구해야 할 것은?

→ 예 규칙이 다른 하나

풀이 과정

❶ ㉠, ㉡, ㉢의 규칙을 각각 찾으면?

㉠은 51부터 시작하여 [6] 씩 작아지는 규칙,

㉡은 72부터 시작하여 [5] 씩 작아지는 규칙,

㉢은 44부터 시작하여 [6] 씩 작아지는 규칙입니다.

❷ 규칙이 다른 하나를 찾아 기호를 쓰면?

규칙이 다른 하나는 [㉡] 입니다.

답 ㉡

문제가 어려웠나요?
□ 어려워요!
□ 적당해요^_^
□ 쉬워요>o<

문제를 읽고 '연습하기'에서 했던 것처럼 밑줄을 그어 가며 문제를 풀어 보세요.

1 규칙에 따라 흰색 바둑돌과 검은색 바둑돌을 늘어놓았습니다. 16번째에 놓이는 바둑돌은 무슨 색인가요?

❶ 바둑돌을 늘어놓은 규칙은?
예 검은색－흰색－검은색이 반복되는 규칙입니다.

❷ 16번째에 놓이는 바둑돌의 색깔은?
예 3개의 바둑돌이 반복되는 규칙이므로 16번째에 놓이는 바둑돌은 반복되는 바둑돌 중 첫 번째와 같은 색인 검은색입니다.

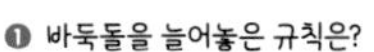

답 검은색

2 규칙에 따라 흰색 바둑돌과 검은색 바둑돌을 늘어놓았습니다. 22번째에 놓이는 바둑돌은 무슨 색인가요?

❶ 바둑돌을 늘어놓은 규칙은?
예 흰색－흰색－검은색－흰색이 반복되는 규칙입니다.

❷ 22번째에 놓이는 바둑돌의 색깔은?
예 4개의 바둑돌이 반복되는 규칙이므로 22번째에 놓이는 바둑돌은 반복되는 바둑돌 중 2번째와 같은 색인 흰색입니다.

답 흰색

3 규칙에 따라 수를 배열하였습니다. 규칙이 다른 하나를 찾아 기호를 써 보세요.

㉠ 24 － 32 － 40 － 48 － 56
㉡ 37 － 46 － 55 － 64 － 73
㉢ 42 － 50 － 58 － 66 － 74

❶ ㉠, ㉡, ㉢의 규칙을 각각 찾으면?
예 ㉠은 24부터 시작하여 8씩 커지는 규칙, ㉡은 37부터 시작하여 9씩 커지는 규칙, ㉢은 42부터 시작하여 8씩 커지는 규칙입니다.

❷ 규칙이 다른 하나를 찾아 기호를 쓰면?
예 규칙이 다른 하나는 ㉡입니다.

답 ㉡

4 규칙에 따라 수를 배열하였습니다. 규칙이 다른 하나를 찾아 기호를 써 보세요.

㉠ 80 － 76 － 72 － 68 － 64
㉡ 61 － 56 － 51 － 46 － 41
㉢ 93 － 89 － 85 － 81 － 77

❶ ㉠, ㉡, ㉢의 규칙을 각각 찾으면?
예 ㉠은 80부터 시작하여 4씩 작아지는 규칙, ㉡은 61부터 시작하여 5씩 작아지는 규칙, ㉢은 93부터 시작하여 4씩 작아지는 규칙입니다.

❷ 규칙이 다른 하나를 찾아 기호를 쓰면?
예 규칙이 다른 하나는 ㉡입니다.

답 ㉡

104쪽 규칙에 따라 알맞은 시각 구하기

1 규칙에 따라 빈 시계에 알맞게 시곗바늘을 그려 넣으세요.

풀이 예 10시－9시－8시－7시이므로 시계의 짧은바늘이 큰 눈금 1칸을 움직이는 규칙입니다.
따라서 빈 시계는 6시를 나타내야 하므로 짧은바늘이 6, 긴바늘이 12를 가리키도록 그립니다.

답 

104쪽 규칙에 따라 알맞은 시각 구하기

2 규칙에 따라 빈 시계에 알맞게 시곗바늘을 그려 넣으세요.

풀이 예 1시 30분－2시 30분－3시 30분－4시 30분이므로 시계의 짧은바늘이 큰 눈금 1칸을 움직이는 규칙입니다.
따라서 빈 시계는 5시 30분을 나타내야 하므로 짧은바늘이 5와 6 사이, 긴바늘이 6을 가리키도록 그립니다.

답 

106쪽 펼친 손가락의 수 구하기

3 규칙에 따라 빈칸에 들어갈 펼친 손가락은 모두 몇 개인가요?

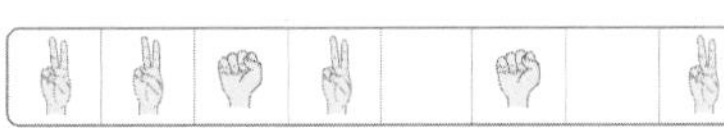

풀이 예 펼친 손가락이 2개－2개－0개가 반복되는 규칙입니다.
빈칸에 들어갈 펼친 손가락은 차례대로 2개, 2개입니다.
따라서 빈칸에 들어갈 펼친 손가락은 모두 $2+2=4$(개)입니다.

답 4개

110쪽 규칙에 따라 ■번째에 놓이는 것 구하기

4 규칙에 따라 흰색 바둑돌과 검은색 바둑돌을 늘어놓았습니다. 17번째에 놓이는 바둑돌은 무슨 색인가요?

풀이 예 흰색－검은색－흰색이 반복되는 규칙입니다.
따라서 3개의 바둑돌이 반복되는 규칙이므로 17번째에 놓이는 바둑돌은 반복되는 바둑돌 중 2번째와 같은 색인 검은색입니다.

답 검은색

106쪽 펼친 손가락의 수 구하기

5 규칙에 따라 빈칸에 들어갈 펼친 손가락은 모두 몇 개인가요?

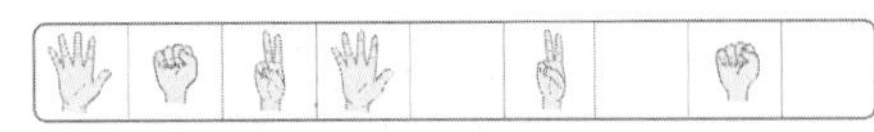

풀이 예 펼친 손가락이 5개－0개－2개가 반복되는 규칙입니다.
빈칸에 들어갈 펼친 손가락은 차례대로 0개, 5개, 2개입니다.
따라서 빈칸에 들어갈 펼친 손가락은 모두
0＋5＋2＝7(개)입니다.

답 7개

112쪽 규칙이 다른 수 배열 찾기

6 규칙에 따라 수를 배열하였습니다. 규칙이 다른 하나를 찾아 기호를 써 보세요.

㉠ 65 － 57 － 49 － 41 － 33
㉡ 72 － 64 － 56 － 48 － 40
㉢ 87 － 80 － 73 － 66 － 59

풀이 예 ㉠은 65부터 시작하여 8씩 작아지는 규칙,
㉡은 72부터 시작하여 8씩 작아지는 규칙,
㉢은 87부터 시작하여 7씩 작아지는 규칙입니다.
따라서 규칙이 다른 하나는 ㉢입니다.

답 ㉢

110쪽 규칙에 따라 ■번째에 놓이는 것 구하기

7 규칙에 따라 흰색 바둑돌과 검은색 바둑돌을 늘어놓았습니다. 23번째에 놓이는 바둑돌은 무슨 색인가요?

풀이 예 검은색－흰색－흰색－검은색이 반복되는 규칙입니다.
따라서 4개의 바둑돌이 반복되는 규칙이므로 23번째에 놓이는 바둑돌은 반복되는 바둑돌 중 3번째와 같은 색인 흰색입니다.

답 흰색

도전 문제 112쪽 규칙이 다른 수 배열 찾기

8 규칙에 따라 수를 배열하였습니다. 규칙이 다른 하나를 찾아 같은 규칙으로 15부터 수를 배열해 보세요.

㉠ 29 － 34 － 39 － 44 － 49
㉡ 48 － 54 － 60 － 66 － 72
㉢ 52 － 58 － 64 － 70 － 76

15 － 20 － 25 － 30 － 35

❶ ㉠, ㉡, ㉢의 규칙을 각각 찾으면?
예 ㉠은 29부터 시작하여 5씩 커지는 규칙, ㉡은 48부터 시작하여 6씩 커지는 규칙, ㉢은 52부터 시작하여 6씩 커지는 규칙입니다.

❷ 규칙이 다른 하나를 찾아 기호를 쓰면?
예 규칙이 다른 하나는 ㉠입니다.

❸ 위 ❷의 규칙에 따라 수를 배열하면?
예 15부터 시작하여 5씩 커지는 수를 쓰면
15－20－25－30－35입니다.

답 20, 25, 30, 35

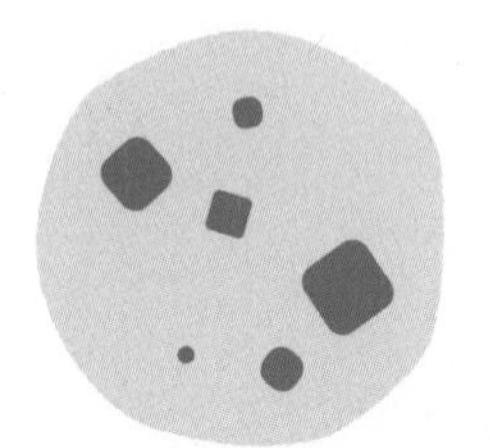

6. 덧셈과 뺄셈(3)

122쪽 • 123쪽

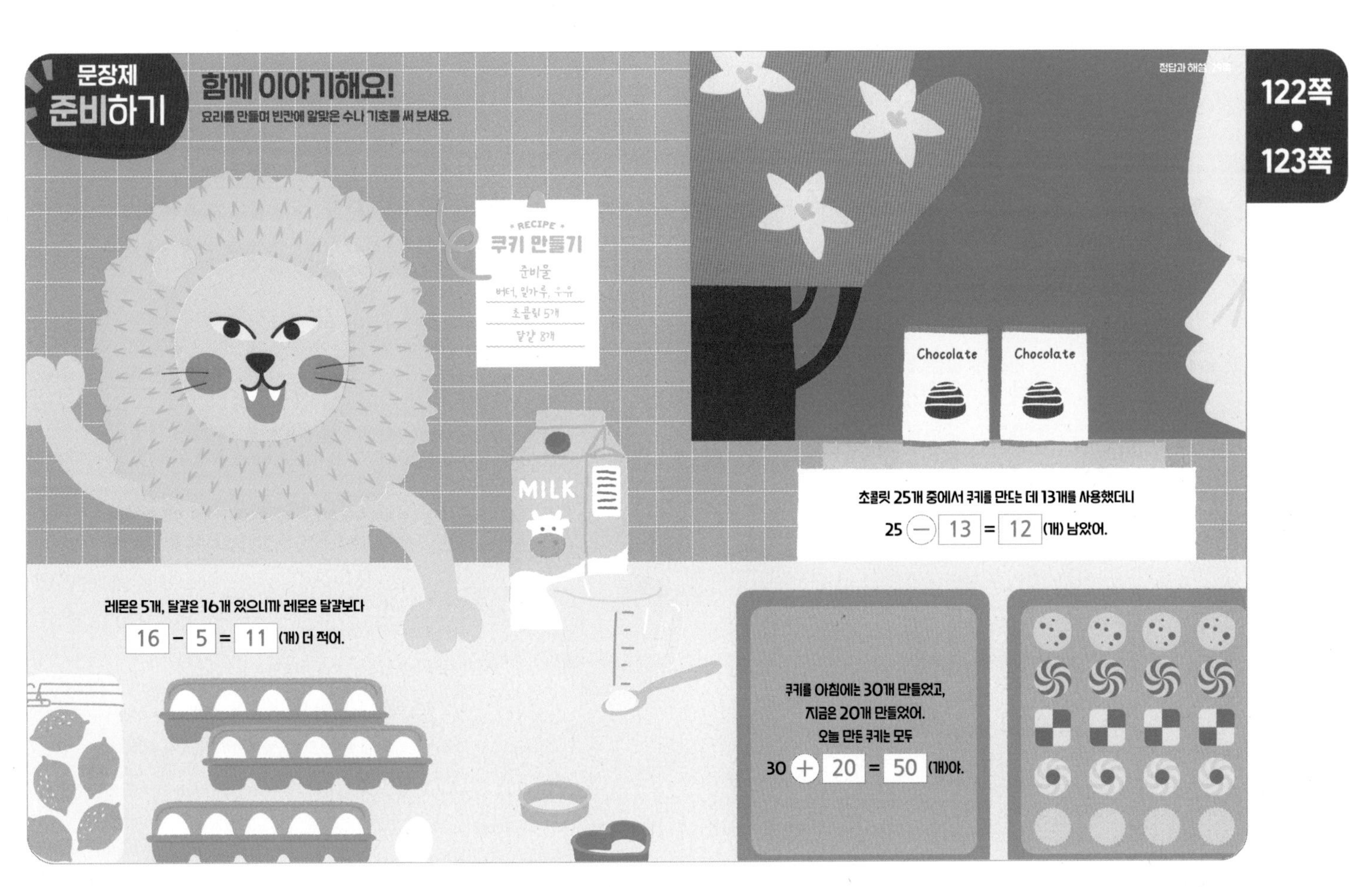

문장제 준비하기
함께 이야기해요!
요리를 만들며 빈칸에 알맞은 수나 기호를 써 보세요.
RECIPE
쿠키 만들기
Chocolate
Chocolate
MILK
초콜릿 25개 중에서 쿠키를 만드는 데 13개를 사용했더니
25 (−) 13 = 12 (개) 남았어.
레몬은 5개, 달걀은 16개 있으니까 레몬은 달걀보다
16 − 5 = 11 (개) 더 적어.
쿠키를 아침에는 30개 만들었고,
지금은 20개 만들었어.
오늘 만든 쿠키는 모두
30 (+) 20 = 50 (개)야.

124쪽 • 125쪽

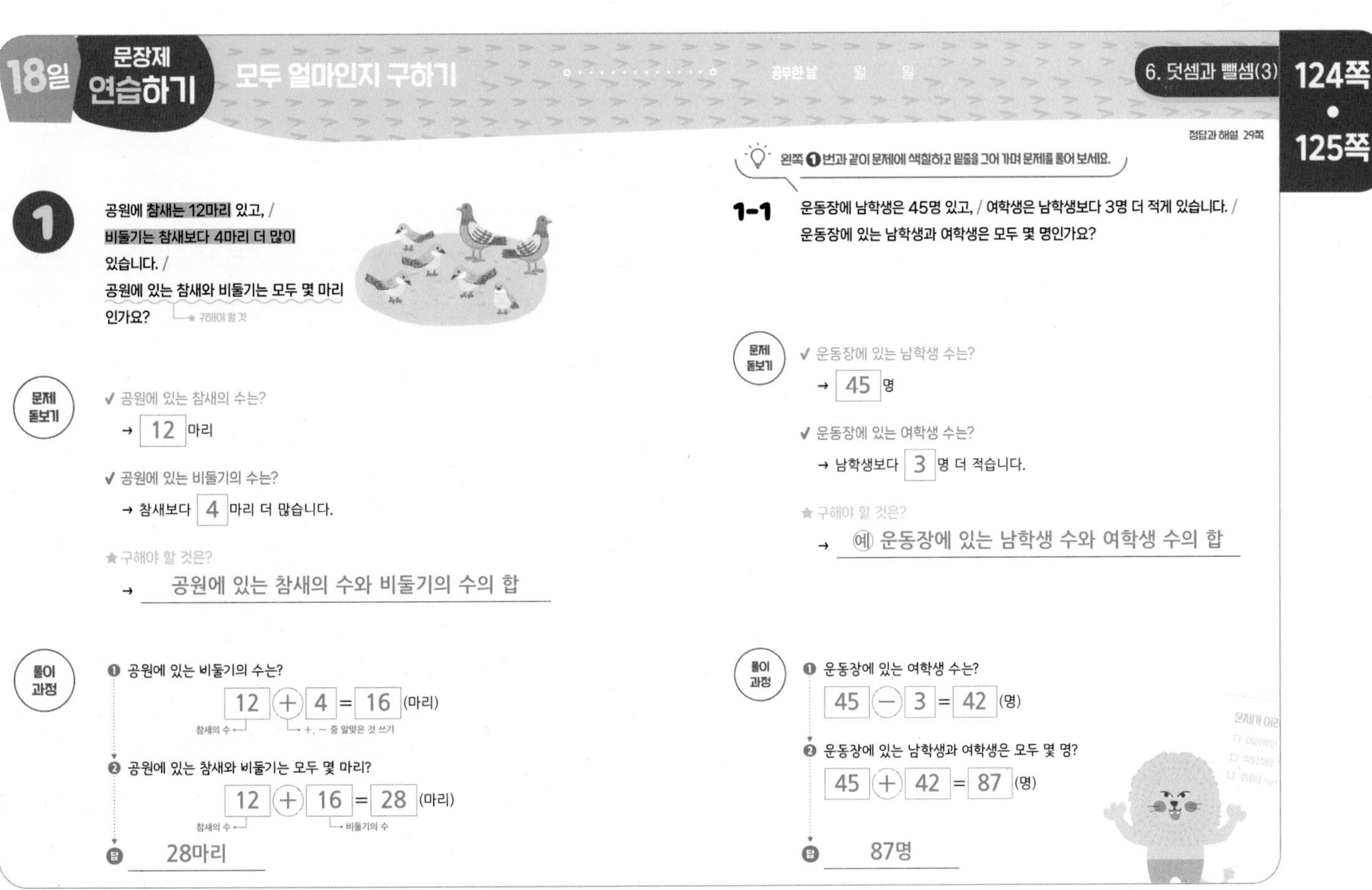

18일 문장제 연습하기
모두 얼마인지 구하기
6. 덧셈과 뺄셈(3)
정답과 해설 29쪽
왼쪽 1번과 같이 문제에 색칠하고 밑줄을 그어 가며 문제를 풀어 보세요.
1 공원에 참새는 12마리 있고, / 비둘기는 참새보다 4마리 더 많이 있습니다. / 공원에 있는 참새와 비둘기는 모두 몇 마리인가요?
구해야 할 것
문제 돋보기
공원에 있는 참새의 수는?
→ 12 마리
공원에 있는 비둘기의 수는?
→ 참새보다 4 마리 더 많습니다.
구해야 할 것은?
→ 공원에 있는 참새의 수와 비둘기의 수의 합
풀이 과정
1 공원에 있는 비둘기의 수는?
12 (+) 4 = 16 (마리)
참새의 수
+, − 중 알맞은 것 쓰기
2 공원에 있는 참새와 비둘기는 모두 몇 마리?
12 (+) 16 = 28 (마리)
참새의 수
비둘기의 수
답 28마리
1-1 운동장에 남학생은 45명 있고, / 여학생은 남학생보다 3명 더 적게 있습니다. / 운동장에 있는 남학생과 여학생은 모두 몇 명인가요?
문제 돋보기
운동장에 있는 남학생 수는?
→ 45 명
운동장에 있는 여학생 수는?
→ 남학생보다 3 명 더 적습니다.
구해야 할 것은?
→ 예 운동장에 있는 남학생 수와 여학생 수의 합
풀이 과정
1 운동장에 있는 여학생 수는?
45 (−) 3 = 42 (명)
2 운동장에 있는 남학생과 여학생은 모두 몇 명?
45 (+) 42 = 87 (명)
답 87명

수 카드로 만든 몇십몇의 합(차) 구하기

정답과 해설 30쪽

2 수 카드 4장 중에서 2장을 뽑아 / 한 번씩만 사용하여 몇십몇을 만들려고 합니다. / 만들 수 있는 몇십몇 중에서 / 가장 큰 수와 가장 작은 수의 합을 구해 보세요.

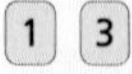

1 3 7 5

구해야 할 것

문제 돌보기

★구해야 할 것은?

→ 만들 수 있는 몇십몇 중에서 가장 큰 수와 가장 작은 수의 합

✔ 가장 큰 몇십몇을 만들려면?

→ 10개씩 묶음의 수에 (가장 큰 수, 두 번째로 큰 수)를 놓고, 낱개의 수에 (가장 큰 수, 두 번째로 큰 수)를 놓습니다.

✔ 가장 작은 몇십몇을 만들려면?

→ 10개씩 묶음의 수에 (가장 작은 수, 두 번째로 작은 수)를 놓고, 낱개의 수에 (가장 작은 수, 두 번째로 작은 수)를 놓습니다.

풀이 과정

❶ 만들 수 있는 몇십몇 중에서 가장 큰 수와 가장 작은 수는?

수 카드의 수의 크기를 비교하면 7 > 5 > 3 > 1 이므로

만들 수 있는 몇십몇 중에서 가장 큰 수는 75,

가장 작은 수는 13 입니다.

❷ 만들 수 있는 몇십몇 중에서 가장 큰 수와 가장 작은 수의 합은?

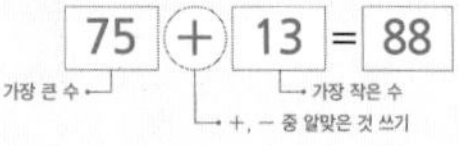

75 + 13 = 88

가장 큰 수 / 가장 작은 수 / +, − 중 알맞은 것 쓰기

답 88

왼쪽 ❷번과 같이 문제에 색칠하고 밑줄을 그어 가며 문제를 풀어 보세요.

2-1 4장의 수 카드 2, 6, 4, 1 중에서 2장을 뽑아 / 한 번씩만 사용하여 몇십몇을 만들려고 합니다. / 만들 수 있는 몇십몇 중에서 / 가장 큰 수와 가장 작은 수의 차를 구해 보세요.

문제 돌보기

★구해야 할 것은?

→ 예) 만들 수 있는 몇십몇 중에서 가장 큰 수와 가장 작은 수의 차

✔ 가장 큰 몇십몇을 만들려면?

→ 10개씩 묶음의 수에 (가장 큰 수, 두 번째로 큰 수)를 놓고, 낱개의 수에 (가장 큰 수, 두 번째로 큰 수)를 놓습니다.

✔ 가장 작은 몇십몇을 만들려면?

→ 10개씩 묶음의 수에 (가장 작은 수, 두 번째로 작은 수)를 놓고, 낱개의 수에 (가장 작은 수, 두 번째로 작은 수)를 놓습니다.

풀이 과정

❶ 만들 수 있는 몇십몇 중에서 가장 큰 수와 가장 작은 수는?

수 카드의 수의 크기를 비교하면 6 > 4 > 2 > 1 이므로

만들 수 있는 몇십몇 중에서 가장 큰 수는 64,

가장 작은 수는 12 입니다.

❷ 만들 수 있는 몇십몇 중에서 가장 큰 수와 가장 작은 수의 차는?

64 − 12 = 52

답 52

- 모두 얼마인지 구하기
- 수 카드로 만든 몇십몇의 합(차) 구하기

정답과 해설 30쪽

문제를 읽고 '연습하기'에서 했던 것처럼 밑줄을 그어 가며 문제를 풀어 보세요.

1 정현이는 식물 우표를 30장 모았고, 동물 우표는 식물 우표보다 6장 더 많이 모았습니다. 정현이가 모은 식물 우표와 동물 우표는 모두 몇 장인가요?

❶ 정현이가 모은 동물 우표의 수는?

예) (식물 우표의 수)+6=30+6=36(장)

❷ 정현이가 모은 식물 우표와 동물 우표는 모두 몇 장?

예) (식물 우표의 수)+(동물 우표의 수)=30+36=66(장)

답 66장

2 연서의 이모는 23살이고, 삼촌은 이모보다 2살 더 적습니다. 연서의 이모와 삼촌의 나이의 합은 몇 살인가요?

❶ 연서의 삼촌의 나이는?

예) (이모의 나이)−2=23−2=21(살)

❷ 연서의 이모와 삼촌의 나이의 합은 몇 살?

예) (이모의 나이)+(삼촌의 나이)=23+21=44(살)

답 44살

3 4장의 수 카드 5, 1, 8, 4 중에서 2장을 뽑아 한 번씩만 사용하여 몇십몇을 만들려고 합니다. 만들 수 있는 몇십몇 중에서 가장 큰 수와 가장 작은 수의 합을 구해 보세요.

❶ 만들 수 있는 몇십몇 중에서 가장 큰 수와 가장 작은 수는?

예) 수 카드의 수의 크기를 비교하면 8>5>4>1이므로 만들 수 있는 몇십몇 중에서 가장 큰 수는 85, 가장 작은 수는 14입니다.

❷ 만들 수 있는 몇십몇 중에서 가장 큰 수와 가장 작은 수의 합은?

예) 85+14=99

답 99

4 4장의 수 카드 6, 2, 7, 9 중에서 2장을 뽑아 한 번씩만 사용하여 몇십몇을 만들려고 합니다. 만들 수 있는 몇십몇 중에서 가장 큰 수와 두 번째로 큰 수의 차를 구해 보세요.

❶ 만들 수 있는 몇십몇 중에서 가장 큰 수와 두 번째로 큰 수는?

예) 수 카드의 수의 크기를 비교하면 9>7>6>2이므로 만들 수 있는 몇십몇 중에서 가장 큰 수는 97, 두 번째로 큰 수는 96입니다.

❷ 만들 수 있는 몇십몇 중에서 가장 큰 수와 두 번째로 큰 수의 차는?

예) 97−96=1

답 1

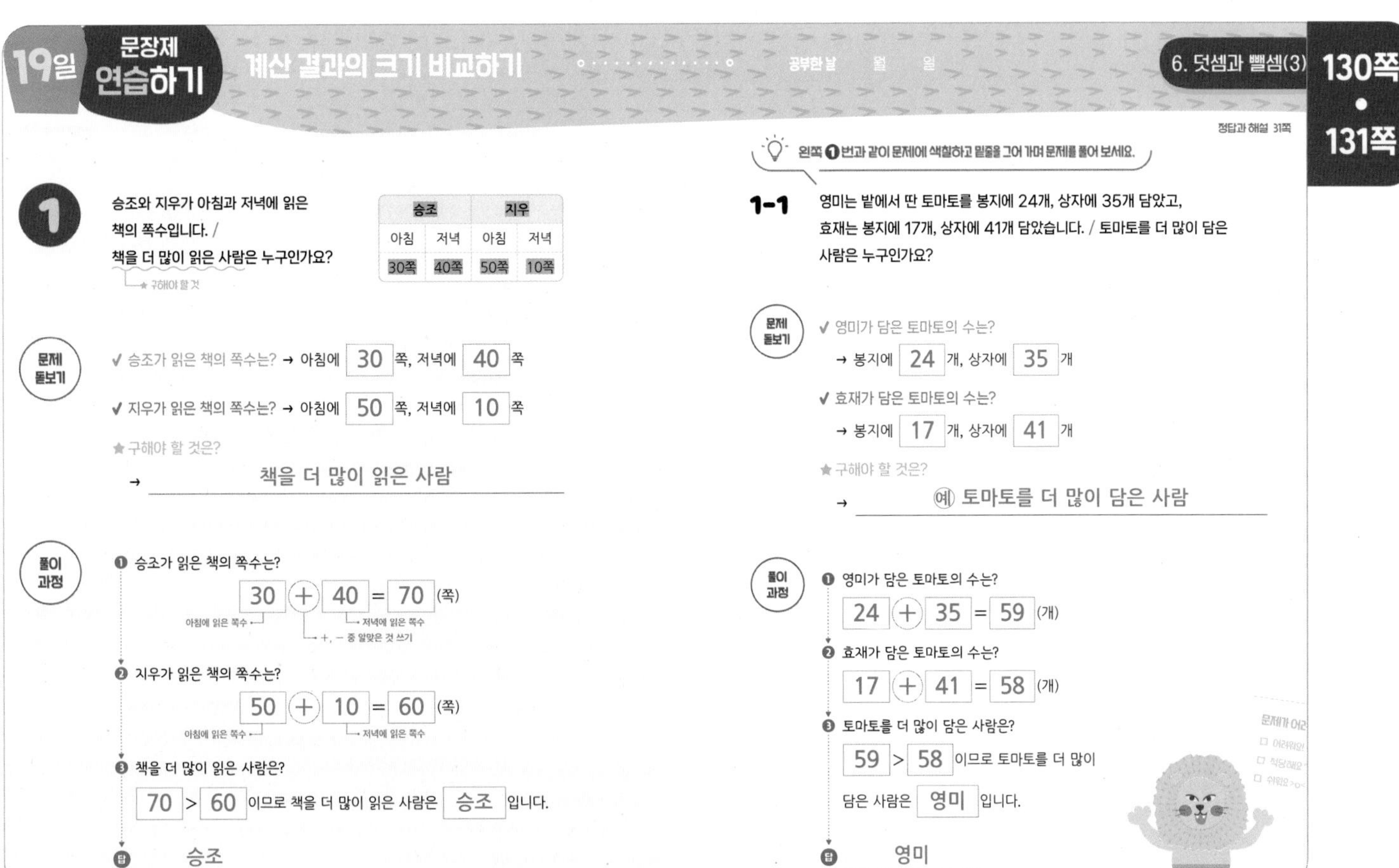
19일 문장제 연습하기 **계산 결과의 크기 비교하기** 공부한 날 월 일

6. 덧셈과 뺄셈(3) 130쪽 • 131쪽

정답과 해설 31쪽

1 승조와 지우가 아침과 저녁에 읽은 책의 쪽수입니다. / 책을 더 많이 읽은 사람은 누구인가요?

구해야 할 것

승조		지우	
아침	저녁	아침	저녁
30쪽	40쪽	50쪽	10쪽

문제 돌보기

✔ 승조가 읽은 책의 쪽수는? → 아침에 30 쪽, 저녁에 40 쪽

✔ 지우가 읽은 책의 쪽수는? → 아침에 50 쪽, 저녁에 10 쪽

★ 구해야 할 것은?

→ 책을 더 많이 읽은 사람

풀이 과정

❶ 승조가 읽은 책의 쪽수는?

30 + 40 = 70 (쪽)

아침에 읽은 쪽수 / 저녁에 읽은 쪽수 / +, − 중 알맞은 것 쓰기

❷ 지우가 읽은 책의 쪽수는?

50 + 10 = 60 (쪽)

아침에 읽은 쪽수 / 저녁에 읽은 쪽수

❸ 책을 더 많이 읽은 사람은?

70 > 60 이므로 책을 더 많이 읽은 사람은 승조 입니다.

답 승조

왼쪽 ❶번과 같이 문제에 색칠하고 밑줄을 그어 가며 문제를 풀어 보세요.

1-1 영미는 밭에서 딴 토마토를 봉지에 24개, 상자에 35개 담았고, 효재는 봉지에 17개, 상자에 41개 담았습니다. / 토마토를 더 많이 담은 사람은 누구인가요?

문제 돌보기

✔ 영미가 담은 토마토의 수는?

→ 봉지에 24 개, 상자에 35 개

✔ 효재가 담은 토마토의 수는?

→ 봉지에 17 개, 상자에 41 개

★ 구해야 할 것은?

→ 예) 토마토를 더 많이 담은 사람

풀이 과정

❶ 영미가 담은 토마토의 수는?

24 + 35 = 59 (개)

❷ 효재가 담은 토마토의 수는?

17 + 41 = 58 (개)

❸ 토마토를 더 많이 담은 사람은?

59 > 58 이므로 토마토를 더 많이 담은 사람은 영미 입니다.

답 영미

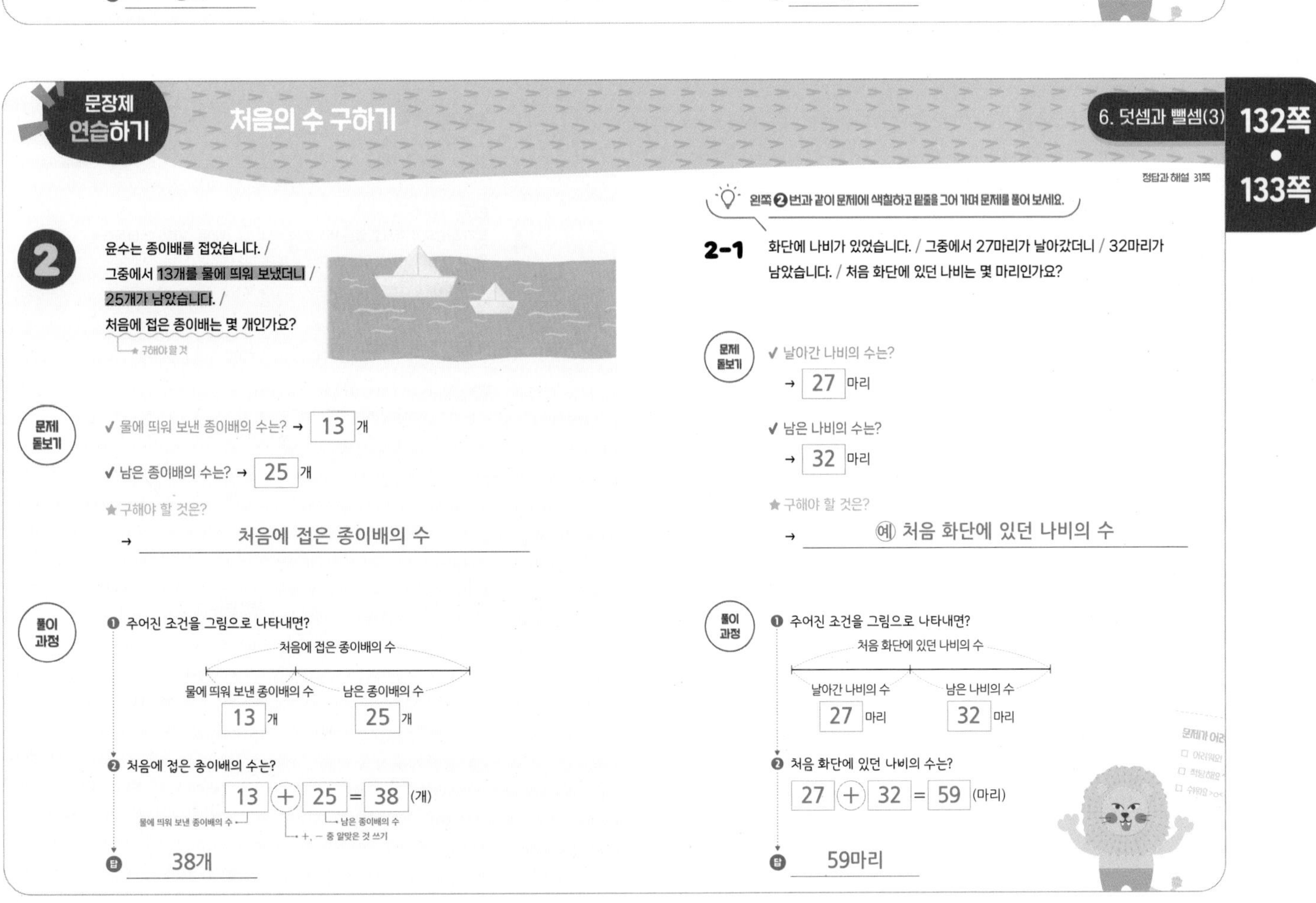
문장제 연습하기 **처음의 수 구하기**

6. 덧셈과 뺄셈(3) 132쪽 • 133쪽

정답과 해설 31쪽

2 윤수는 종이배를 접었습니다. / 그중에서 13개를 물에 띄워 보냈더니 / 25개가 남았습니다. / 처음에 접은 종이배는 몇 개인가요?

구해야 할 것

문제 돌보기

✔ 물에 띄워 보낸 종이배의 수는? → 13 개

✔ 남은 종이배의 수는? → 25 개

★ 구해야 할 것은?

→ 처음에 접은 종이배의 수

풀이 과정

❶ 주어진 조건을 그림으로 나타내면?

처음에 접은 종이배의 수

물에 띄워 보낸 종이배의 수 13 개 / 남은 종이배의 수 25 개

❷ 처음에 접은 종이배의 수는?

13 + 25 = 38 (개)

물에 띄워 보낸 종이배의 수 / 남은 종이배의 수 / +, − 중 알맞은 것 쓰기

답 38개

왼쪽 ❷번과 같이 문제에 색칠하고 밑줄을 그어 가며 문제를 풀어 보세요.

2-1 화단에 나비가 있었습니다. / 그중에서 27마리가 날아갔더니 / 32마리가 남았습니다. / 처음 화단에 있던 나비는 몇 마리인가요?

문제 돌보기

✔ 날아간 나비의 수는?

→ 27 마리

✔ 남은 나비의 수는?

→ 32 마리

★ 구해야 할 것은?

→ 예) 처음 화단에 있던 나비의 수

풀이 과정

❶ 주어진 조건을 그림으로 나타내면?

처음 화단에 있던 나비의 수

날아간 나비의 수 27 마리 / 남은 나비의 수 32 마리

❷ 처음 화단에 있던 나비의 수는?

27 + 32 = 59 (마리)

답 59마리

134쪽 • 135쪽

문장제 실력쌓기

◆ 계산 결과의 크기 비교하기
◆ 처음의 수 구하기

정답과 해설 32쪽

문제를 읽고 '연습하기'에서 했던 것처럼 밑줄을 그어 가며 문제를 풀어 보세요.

1 김밥 가게에서 치즈김밥과 참치김밥을 주문한 사람 수입니다. 어느 김밥을 주문한 사람이 더 많은가요?

치즈김밥		참치김밥	
남자	여자	남자	여자
20명	70명	30명	50명

❶ 치즈김밥을 주문한 사람 수는?
예 20+70=90(명)

❷ 참치김밥을 주문한 사람 수는?
예 30+50=80(명)

❸ 주문한 사람이 더 많은 김밥은?
예 90>80이므로 치즈김밥을 주문한 사람이 더 많습니다.

답 치즈김밥

2 과수원에서 포도를 수확했습니다. 그중에서 16송이를 먹었더니 33송이가 남았습니다. 처음에 수확한 포도는 몇 송이인가요?

❶ 주어진 조건을 그림으로 나타내면?

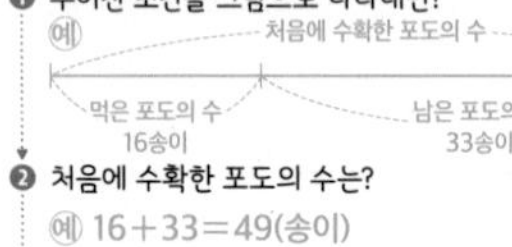

❷ 처음에 수확한 포도의 수는?
예 16+33=49(송이)

답 49송이

3 비 오는 날에 알뜰 가게는 긴 우산 61개와 짧은 우산 18개를 팔았고, 튼튼 가게는 긴 우산 43개와 짧은 우산 25개를 팔았습니다. 어느 가게가 우산을 몇 개 더 많이 팔았나요?

❶ 알뜰 가게에서 판 우산의 수는?
예 61+18=79(개)

❷ 튼튼 가게에서 판 우산의 수는?
예 43+25=68(개)

❸ 어느 가게가 우산을 몇 개 더 많이 팔았는지 구하면?
예 79>68이므로 알뜰 가게가 우산을 79−68=11(개) 더 많이 팔았습니다.

답 알뜰 가게 , 11개

4 문구점에 있는 연필 54자루와 볼펜 몇 자루를 합하면 모두 97자루입니다. 문구점에 있는 볼펜은 몇 자루인가요?

❶ 주어진 조건을 그림으로 나타내면?
예 연필의 수 54자루 / 볼펜의 수 / 문구점에 있는 연필과 볼펜의 수 97자루

❷ 문구점에 있는 볼펜의 수는?
예 97−54=43(자루)

답 43자루

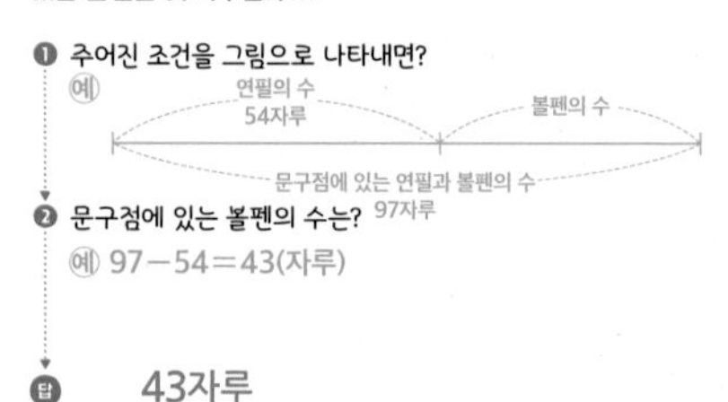

136쪽 • 137쪽

20일 단원 마무리

공부한 날 월 일

정답과 해설 32쪽

124쪽 모두 얼마인지 구하기

1 과일 가게에 사과는 20상자 있고, 배는 사과보다 7상자 더 많이 있습니다. 과일 가게에 있는 사과와 배는 모두 몇 상자인가요?

풀이 예 (배의 수)=20+7=27(상자)
⇨ (과일 가게에 있는 사과와 배의 수)
=20+27=47(상자)

답 47상자

124쪽 모두 얼마인지 구하기

2 지현이의 옷장에는 윗옷이 36벌 있고, 아래옷은 윗옷보다 5벌 더 적게 있습니다. 지현이의 옷장에 있는 옷은 모두 몇 벌인가요?

풀이 예 (아래옷의 수)=36−5=31(벌)
⇨ (지현이의 옷장에 있는 옷의 수)=36+31=67(벌)

답 67벌

126쪽 수 카드로 만든 몇십몇의 합(차) 구하기

3 4장의 수 카드 2, 1, 7, 8 중에서 2장을 뽑아 한 번씩만 사용하여 몇십몇을 만들려고 합니다. 만들 수 있는 몇십몇 중에서 가장 큰 수와 가장 작은 수의 합을 구해 보세요.

풀이 예 수 카드의 수의 크기를 비교하면 8>7>2>1이므로 만들 수 있는 몇십몇 중에서 가장 큰 수는 87, 가장 작은 수는 12입니다.
따라서 가장 큰 수와 가장 작은 수의 합은 87+12=99입니다.

답 99

130쪽 계산 결과의 크기 비교하기

4 태리와 승후가 가지고 있는 바둑돌의 수입니다. 태리는 승후보다 바둑돌을 몇 개 더 많이 가지고 있는지 구해 보세요.

태리		승후	
흰색	검은색	흰색	검은색
30개	30개	10개	40개

풀이 예 (태리가 가지고 있는 바둑돌의 수)=30+30=60(개)
(승후가 가지고 있는 바둑돌의 수)=10+40=50(개)
따라서 태리는 승후보다 바둑돌을 60−50=10(개) 더 많이 가지고 있습니다.

답 10개

130쪽 계산 결과의 크기 비교하기

5 찬열이가 산 카드와 엽서의 수입니다. 카드를 엽서보다 몇 장 더 많이 샀는지 구해 보세요.

카드		엽서	
풍경 카드	인물 카드	풍경 엽서	인물 엽서
23장	42장	34장	11장

풀이 예 (산 카드의 수)=23+42=65(장)
(산 엽서의 수)=34+11=45(장)
따라서 카드를 엽서보다 65−45=20(장) 더 많이 샀습니다.

답 20장

132쪽 처음의 수 구하기

6 나뭇가지에 나뭇잎이 붙어 있었습니다. 그중에서 18장이 떨어졌더니 50장이 남았습니다. 처음 나뭇가지에 붙어 있던 나뭇잎은 몇 장인가요?

풀이 예) 처음 나뭇가지에 붙어 있던 나뭇잎의 수

떨어진 나뭇잎의 수 18장, 남은 나뭇잎의 수 50장

따라서 처음 나뭇가지에 붙어 있던 나뭇잎은 $18+50=68$(장)입니다.

답 68장

132쪽 처음의 수 구하기

7 연못에 있는 청개구리 72마리와 황소개구리 몇 마리를 합하면 모두 98마리입니다. 연못에 있는 황소개구리는 몇 마리인가요?

풀이 예) 청개구리의 수 72마리, 황소개구리의 수

연못에 있는 청개구리와 황소개구리의 수 98마리

따라서 연못에 있는 황소개구리는 $98-72=26$(마리)입니다.

답 26마리

126쪽 수 카드로 만든 몇십몇의 합(차) 구하기

8 4장의 수 카드 4, 6, 3, 7 중에서 2장을 뽑아 한 번씩만 사용하여 몇십몇을 만들려고 합니다. 만들 수 있는 몇십몇 중에서 가장 큰 수와 두 번째로 큰 수의 차를 구해 보세요.

풀이 예) 수 카드의 수의 크기를 비교하면 $7>6>4>3$이므로 만들 수 있는 몇십몇 중에서 가장 큰 수는 76, 두 번째로 큰 수는 74입니다.
따라서 가장 큰 수와 두 번째로 큰 수의 차는 $76-74=2$입니다.

답 2

130쪽 계산 결과의 크기 비교하기

9 추억 기차에 어제 탄 사람은 할아버지가 41명, 할머니가 44명이고, 오늘 탄 사람은 할아버지가 35명, 할머니가 62명입니다. 언제 탄 사람이 몇 명 더 많은지 구해 보세요.

풀이 예) (어제 탄 사람 수)$=41+44=85$(명)
(오늘 탄 사람 수)$=35+62=97$(명)
따라서 $97>85$이므로 오늘 탄 사람이 $97-85=12$(명) 더 많습니다.

답 오늘, 12명

도전 문제 124쪽 모두 얼마인지 구하기

10 세 사람의 대화를 읽고 용빈이와 희연이가 푼 수학 문제는 모두 몇 문제인지 구해 보세요.

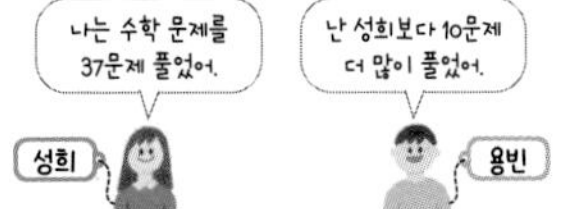

나는 수학 문제를 37문제 풀었어.
성희
난 성희보다 10문제 더 많이 풀었어.
용빈

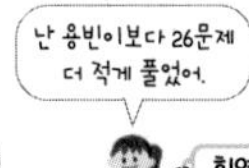

난 용빈이보다 26문제 더 적게 풀었어.
희연

❶ 용빈이가 푼 수학 문제의 수는?
예) (성희가 푼 수학 문제의 수)$+10=37+10=47$(문제)

❷ 희연이가 푼 수학 문제의 수는?
예) (용빈이가 푼 수학 문제의 수)$-26=47-26=21$(문제)

❸ 용빈이와 희연이가 푼 수학 문제는 모두 몇 문제?
예) (용빈이가 푼 수학 문제의 수)+(희연이가 푼 수학 문제의 수)
$=47+21=68$(문제)

답 68문제

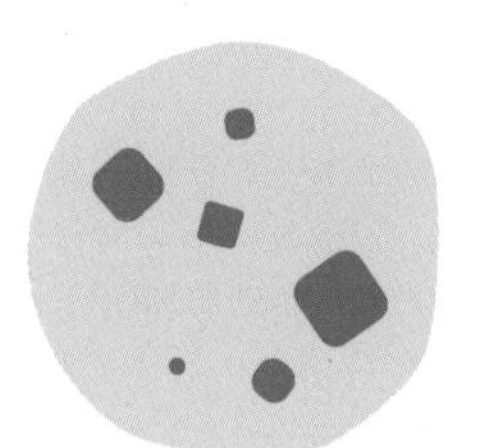

실력 평가

140쪽 • 141쪽

1회 실력 평가

공부한 날 월 일

정답과 해설 34쪽

1 칭찬 붙임딱지를 인서는 52장, 현우는 55장 모았습니다. 준하는 인서보다 1장 더 많이 모았습니다. 칭찬 붙임딱지를 많이 모은 사람부터 차례대로 이름을 써 보세요.

풀이 예 52보다 1만큼 더 큰 수는 53이므로 준하는 칭찬 붙임딱지를 53장 모았습니다.
따라서 $55>53>52$이므로 칭찬 붙임딱지를 많이 모은 사람부터 차례대로 이름을 쓰면 현우, 준하, 인서입니다.

답 현우, 준하, 인서

2 오른쪽 그림과 같은 색종이를 점선을 따라 잘랐습니다. △ 모양은 □ 모양보다 몇 개 더 많은가요?

풀이 예 ■ 모양은 2개, ▲ 모양은 5개입니다.
따라서 ▲ 모양은 ■ 모양보다 $5-2=3$(개) 더 많습니다.

답 3개

3 전구에 불이 10개 켜져 있습니다. 그중 몇 개의 불이 꺼졌더니 남은 전구가 8개였습니다. 불이 꺼진 전구는 몇 개인가요?

풀이 예 불이 꺼진 전구의 수를 ■개라 하여 식으로 나타내면 $10-■=8$입니다.
10에서 빼서 8이 되는 수는 2이므로 $■=2$입니다.
따라서 불이 꺼진 전구는 2개입니다.

답 2개

4 1부터 9까지의 수 중에서 □ 안에 들어갈 수 있는 가장 큰 수를 구해 보세요.

$7+□<14$

풀이 예 $7+□=14$일 때, $14-7=□$, $□=7$입니다.
따라서 □ 안에 들어갈 수 있는 수는 7보다 작은 1, 2, 3, 4, 5, 6이므로 가장 큰 수는 6입니다.

답 6

5 동물원에 원숭이는 26마리 있고, 사슴은 원숭이보다 4마리 더 적게 있습니다. 동물원에 있는 원숭이와 사슴은 모두 몇 마리인가요?

풀이 예 (사슴의 수)$=26-4=22$(마리)
⇨ (동물원에 있는 원숭이와 사슴의 수) $=26+22=48$(마리)

답 48마리

142쪽 • 143쪽

실력 평가

맞은 개수 /10개 걸린 시간 /40분

정답과 해설 34쪽

6 도시에 높은 건물을 지었습니다. 89층과 95층 사이에 있는 층 중에서 짝수인 층은 모두 몇 개인가요?

풀이 예 89층보다 높고 95층보다 낮은 층은 90층, 91층, 92층, 93층, 94층입니다.
따라서 이 층수 중에서 짝수는 90층, 92층, 94층이므로 짝수인 층은 모두 3개입니다.

답 3개

7 짧은바늘이 4와 5 사이, 긴바늘이 6을 가리키는 시계가 있습니다. 이 시계의 긴바늘이 한 바퀴 돌았을 때, 시계가 가리키는 시각을 구해 보세요.

풀이 예 시계의 긴바늘이 한 바퀴 돌면 짧은바늘은 5와 6 사이, 긴바늘은 6을 가리킵니다.
따라서 시계의 긴바늘이 한 바퀴 돌았을 때, 시계가 가리키는 시각은 5시 30분입니다.

답 5시 30분

8 5장의 수 카드 7, 1, 3, 5, 2 중에서 2장을 사용하여 두 수의 합이 10이 되도록 만들었습니다. 남은 수 카드의 세 수의 합을 구해 보세요.

풀이 예 수 카드 2장을 사용하여 두 수의 합이 10이 되도록 만들면 $3+7=10$ 또는 $7+3=10$입니다.
따라서 남은 수 카드는 1, 5, 2이므로 세 수의 합은 $1+5+2=8$입니다.

답 8

9 규칙에 따라 흰색 바둑돌과 검은색 바둑돌을 늘어놓았습니다. 25번째에 놓이는 바둑돌은 무슨 색인가요?

○●○○○●○○○●○○ …

풀이 예 흰색－검은색－흰색－흰색이 반복되는 규칙입니다.
따라서 4개의 바둑돌이 반복되는 규칙이므로 25번째에 놓이는 바둑돌은 반복되는 바둑돌 중 첫 번째와 같은 색인 흰색입니다.

답 흰색

10 병은이와 서진이가 꺼낸 공에 적힌 두 수의 합이 크면 이기는 놀이를 하고 있습니다. 서진이가 이기려면 어떤 수가 적힌 공을 꺼내야 할까요?

풀이 예 병은이가 꺼낸 공에 적힌 두 수의 합은 $9+5=14$입니다.
따라서 남은 공에 적힌 수 중에서 큰 수부터 8과 더하면 $8+7=15$, $8+6=14$, $8+4=12$……이고, 합이 14보다 커야 하므로 서진이는 7이 적힌 공을 꺼내야 합니다.

답 7

1 딸기 83개를 한 접시에 10개씩 담으려고 합니다. 접시 9개를 모두 채우려면 딸기는 몇 개 더 있어야 하나요?

풀이 예) 83은 10개씩 묶음 8개와 낱개 3개이므로 접시 8개를 채우고 딸기 3개가 남습니다.
따라서 남은 딸기 3개로 마지막 접시를 채워야 하므로 접시 9개를 모두 채우려면 딸기는 7개 더 있어야 합니다.

답 7개

2 택배 상자가 있었습니다. 그중에서 택배 아저씨가 16상자를 배달했더니 21상자가 남았습니다. 처음에 있던 택배 상자는 몇 상자인가요?

풀이 예) 처음에 있던 택배 상자의 수
배달한 택배 상자의 수 16상자 / 남은 택배 상자의 수 21상자
따라서 처음에 있던 택배 상자는 $16+21=37$(상자)입니다.

답 37상자

3 ♥와 ★에 알맞은 수를 써넣어 만들 수 있는 덧셈식을 2개 써 보세요.

♥+★+7=17

풀이 예) ♥+★+7=17, ♥+★=10
따라서 만들 수 있는 덧셈식을 2개 쓰면 $1+9+7=17$, $2+8+7=17$입니다.

답 예) $1+9+7=17$, $2+8+7=17$

4 오늘 아침에 하은이는 시계의 짧은바늘이 6과 7 사이, 긴바늘이 6을 가리킬 때, 준상이는 시계의 짧은바늘이 7, 긴바늘이 12를 가리킬 때 일어났습니다. 더 늦게 일어난 사람은 누구인가요?

풀이 예) 일어난 시각은 하은이가 6시 30분, 준상이가 7시입니다.
따라서 7시가 6시 30분보다 더 늦은 시각이므로 더 늦게 일어난 사람은 준상입니다.

답 준상

5 ■, ▲, ● 모양으로 로켓과 강아지를 꾸몄습니다. ■ 모양 3개, ▲ 모양 3개, ● 모양 2개로 꾸민 모양을 찾아 써 보세요.

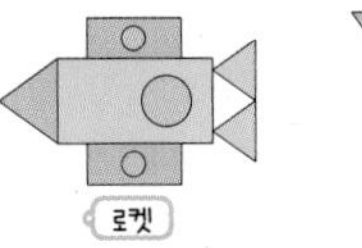

풀이 예) 로켓을 꾸밀 때 이용한 모양은 ■ 모양 3개, ▲ 모양 3개, ● 모양 3개입니다.
강아지를 꾸밀 때 이용한 모양은 ■ 모양 3개, ▲ 모양 3개, ● 모양 2개입니다.
따라서 ■ 모양 3개, ▲ 모양 3개, ● 모양 2개로 꾸민 모양은 강아지입니다.

답 강아지

6 가게에 세탁기 10대와 건조기 5대가 있었습니다. 그중 세탁기 6대가 팔렸습니다. 세탁기와 건조기 중 가게에 더 많이 남아 있는 것은 무엇인가요?

풀이 예) (남아 있는 세탁기의 수)$=10-6=4$(대)
따라서 $5>4$이므로 가게에 더 많이 남아 있는 것은 건조기입니다.

답 건조기

7 규칙에 따라 빈칸에 들어갈 펼친 손가락은 모두 몇 개인가요?

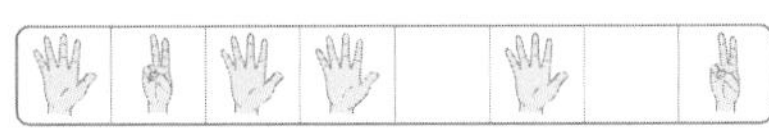

풀이 예) 펼친 손가락이 5개−2개−5개가 반복되는 규칙입니다.
빈칸에 들어갈 펼친 손가락은 차례대로 2개, 5개입니다.
따라서 빈칸에 들어갈 펼친 손가락은 모두 $2+5=7$(개)입니다.

답 7개

8 지원이는 도화지를 8장 가지고 있었습니다. 친구에게 4장을 받은 후 그림을 그리는 데 9장을 사용했습니다. 지금 지원이가 가지고 있는 도화지는 몇 장인가요?

풀이 예) (친구에게 받은 후 지원이가 가지고 있던 도화지의 수)
$=8+4=12$(장)
⇨ (지금 지원이가 가지고 있는 도화지의 수)
$=12-9=3$(장)

답 3장

9 4장의 수 카드 3, 9, 2, 8 중에서 2장을 뽑아 한 번씩만 사용하여 몇십몇을 만들려고 합니다. 만들 수 있는 몇십몇 중에서 가장 큰 수와 가장 작은 수의 차를 구해 보세요.

풀이 예) 수 카드의 수의 크기를 비교하면 $9>8>3>2$이므로 만들 수 있는 몇십몇 중에서 가장 큰 수는 98, 가장 작은 수는 23입니다.
따라서 가장 큰 수와 가장 작은 수의 차는 $98-23=75$입니다.

답 75

10 조건을 모두 만족하는 수는 몇 개인지 구해 보세요.

- 10개씩 묶음이 7개입니다.
- 74보다 큰 수입니다.
- 홀수입니다.

풀이 예) 10개씩 묶음의 수가 7인 수 중에서 낱개의 수가 4보다 큰 수는 75, 76, 77, 78, 79입니다.
이 중에서 홀수는 75, 77, 79이므로 조건을 모두 만족하는 수는 3개입니다.

답 3개

148쪽 • 149쪽 3회 실력 평가

공부한 날 월 일

정답과 해설 36쪽

1 1부터 9까지의 수 중에서 □ 안에 들어갈 수 있는 수는 모두 몇 개인지 구해 보세요.

75<□1

풀이 예) 75와 □1의 낱개의 수를 비교하면 5>1입니다.
따라서 10개씩 묶음의 수를 비교하면 7<□이므로
□ 안에 들어갈 수 있는 수는 8, 9로 모두 2개입니다.

답 2개

2 놀이터에 남자 어린이는 9명 있고, 여자 어린이는 남자 어린이보다 8명 더 적게 있습니다. 놀이터에 있는 어린이는 모두 몇 명인가요?

풀이 예) (놀이터에 있는 여자 어린이의 수)=9−8=1(명)
⇨ 남자 어린이는 9명, 여자 어린이는 1명이므로 모두 9+1=10(명)입니다.

답 10명

3 4장의 수 카드 3, 1, 8, 4 중에서 2장을 뽑아 한 번씩만 사용하여 몇십몇을 만들려고 합니다. 만들 수 있는 몇십몇 중에서 가장 큰 수를 써 보세요.

풀이 예) 수 카드의 수의 크기를 비교하면 8>4>3>1이므로
가장 큰 수는 8, 두 번째로 큰 수는 4입니다.
따라서 10개씩 묶음의 수에 8, 낱개의 수에 4를 놓으면
만들 수 있는 몇십몇 중에서 가장 큰 수는 84입니다.

답 84

4 같은 모양은 같은 수를 나타냅니다. ★이 나타내는 수는 얼마인가요?

• 2+8=♥
• ♥−6=★

풀이 예) 2+8=♥이므로 ♥=10입니다.
⇨ ♥−6=★에서 10−6=★, ★=4입니다.

답 4

5 그물에 고등어는 8마리, 삼치는 7마리 걸렸고, 조기는 고등어보다 5마리 더 많이 걸렸습니다. 조기는 삼치보다 몇 마리 더 많이 걸렸나요?

풀이 예) (조기의 수)=8+5=13(마리)
⇨ (조기의 수)−(삼치의 수)=13−7=6(마리)

답 6마리

6 짧은바늘이 10, 긴바늘이 12를 가리키는 시계가 있습니다. 이 시계의 긴바늘이 반 바퀴 돌았을 때, 시계가 가리키는 시각을 구해 보세요.

풀이 예) 시계의 긴바늘이 반 바퀴 돌면 짧은바늘은
10과 11 사이, 긴바늘은 6을 가리킵니다.
따라서 시계의 긴바늘이 반 바퀴 돌았을 때,
시계가 가리키는 시각은 10시 30분입니다.

답 10시 30분

150쪽 • 151쪽 실력 평가

맞은 개수 /10개 걸린 시간 /40분

정답과 해설 36쪽

7 규칙에 따라 빈 시계에 알맞게 시곗바늘을 그려 넣으세요.

풀이 예) 4시−5시−6시−7시이므로 시계의 짧은바늘이 큰 눈금 1칸을 움직이는 규칙입니다.
따라서 빈 시계는 8시를 나타내야 하므로 짧은바늘이 8, 긴바늘이 12를 가리키도록 그립니다.

답

8 규칙에 따라 수를 배열하였습니다. 규칙이 다른 하나를 찾아 기호를 써 보세요.

㉠ 17 − 23 − 29 − 35 − 41
㉡ 36 − 43 − 50 − 57 − 64
㉢ 59 − 65 − 71 − 77 − 83

풀이 예) ㉠은 17부터 시작하여 6씩 커지는 규칙,
㉡은 36부터 시작하여 7씩 커지는 규칙,
㉢은 59부터 시작하여 6씩 커지는 규칙입니다.
따라서 규칙이 다른 하나는 ㉡입니다.

답 ㉡

9 박물관에 어제와 오늘 입장한 사람 수입니다. 오늘은 어제보다 몇 명 더 많이 입장했는지 구해 보세요.

어제		오늘	
어른	어린이	어른	어린이
62명	20명	33명	56명

풀이 예) (어제 입장한 사람 수)=62+20=82(명)
(오늘 입장한 사람 수)=33+56=89(명)
따라서 오늘은 어제보다 89−82=7(명) 더 많이 입장했습니다.

답 7명

10 인규와 현아가 카드에 적힌 두 수의 차가 큰 사람이 이기는 놀이를 하고 있습니다. 인규는 15와 7을 골랐고, 현아는 12를 골랐습니다. 현아가 이기려면 다음 중 어떤 수가 적힌 카드를 골라야 할까요?

5 6 4 3 9 8

풀이 예) 인규가 고른 카드에 적힌 두 수의 차는 15−7=8입니다.
따라서 남은 카드에 적힌 수 중에서 작은 수부터 12에서 빼면
12−3=9, 12−4=8, 12−5=7……이고,
차가 8보다 커야 하므로 현아는 3이 적힌 카드를 골라야 합니다.

답 3

MEMO

MEMO

함께 파티해요!
단원 마무리에서 오린
동물들을 붙이고
내 모습을 그려 보세요!